Über dieses Buch

Welcher Autofahrer wäre nicht schon auf den Gedanken gekommen, daß es sich die Autoindustrie reichlich einfach macht? Die hier vorliegende Betrachtung des Konzepts und einiger stellvertretender Details am PKW zeigt, wie wenig die Hersteller im Vergleich zu anderen Industrien innovieren, verbessern oder auch nur Gebrauch von Neuerungen und Erkenntnissen benachbarter Industriesparten machen. Das Beibehalten altertümlicher Konstruktionsprinzipien aus der Zeppelinepoche und die Pflege irrationaler Funktionsvorstellungen, die sich im Streben nach immer höheren, volkswirtschaftlich und für den einzelnen PKW-Nutzer jedoch ineffektiven Beschleunigungen und Spitzengeschwindigkeiten dokumentiert, führt letzten Endes zur geplanten Fehlkonstruktion PKW. Deren wesentliche Eigenschaften liegen in einer zu kurzen Lebensdauer, einem zu großen Reparaturaufwand und damit in einer recht primitiven Art der Umsatzsicherung für die PKW-Industrie.
Der Autor will in seinem Buch die Kritikfreude einer verantwortungsbewußten Leserschaft aktivieren, Alternativen aufzeigen und die Vermutung bestätigen, daß die PKW-Hersteller unter Ausnutzung der überwiegend sentimentalen Einstellung einer großen Käuferschicht zum Auto sich ein der Qualität ihres Produkts nicht zukommendes und deshalb letzten Endes volkswirtschaftlich gefährliches Volumen angemaßt haben.

Der Autor

Prof. Jörg Linser, geb. 1936, ist Diplomingenieur des Maschinenbaus mit Schwerpunkt Fahrzeugbau. Er hat jahrelang in der industriellen KFZ-Fertigung und -Entwicklung gearbeitet und ist Dozent für Antriebstechnik und Fahrzeuge an einer Fachhochschule.

Jörg Linser

Unser Auto –

eine geplante Fehlkonstruktion!

Fischer
Taschenbuch
Verlag

Originalausgabe
Fischer Taschenbuch Verlag
Dezember 1977

Umschlagentwurf: Studio Laeis

Fischer Taschenbuch Verlag GmbH, Frankfurt am Main

Gesamtherstellung: Hanseatische Druckanstalt GmbH, Hamburg
Printed in Germany
580-ISBN-3-596-21990-6

Inhalt

1. Einführung

Es gibt eine Reihe von Veröffentlichungen, die sich recht kritisch mit den sozialpolitischen, wirtschaftlichen und sogar ethischen Aspekten des Phänomens Personenkraftwagen und -verkehr auseinandersetzen.

Diesen zum Teil unerwartet leidenschaftlich diskutierten und von der PKW-Industrie häufig als Verteufelung des Autos beklagten Erörterungen fehlt bis jetzt immer noch die technische Komponente. Leider. Könnte dies doch immerhin zu der Schlußfolgerung verleiten, wenigstens alle rein technischen Probleme um den PKW wären, wenn schon nicht gänzlich bereinigt, dann doch auf dem besten Wege, in einer dem PKW-Nutzer sehr entgegenkommenden Weise gelöst zu werden.

Eine solche Ansicht entspräche auch dem gängigen Vertrauen auf die Lauterkeit, vielleicht sogar Biederkeit der Arbeitsweise des technischen Stabes einer PKW-Fabrik, der im Gegensatz zum kaufmännischen Management als frei vom Verdacht der Schlitzohrigkeit gilt.

Die öffentliche Kritikfreude macht deshalb abrupt dort halt, wo es um rein technische Belange geht. Der Verbraucher nimmt die Haltung eines hypnotisierten Karnickels an und fast alles kommentarlos hin, was ihm Konstruktions- und Entwicklungsbüros der KFZ-Industrie bieten.

Die PKW-Produzenten scheinen sich dieses Effektes voll bewußt zu sein und nehmen ihn sehr eigennützig wahr. Anders läßt sich jedenfalls die Arroganz nicht erklären, mit der sie den Verbraucher auch in technischer Hinsicht zu übervorteilen versuchen.

Was ganz offensichtlich mit System geschieht.

Vielleicht mag der Hinweis enttäuschend klingen, daß auf den folgenden Seiten keine heimlich auf Tonband aufgenommene Qualitätsabsprachen irgendwelcher Manager der PKW-Industrie veröffentlicht sein werden. Das sicher nicht deshalb, weil solche vielleicht gar nicht stattgefunden hätten, sondern ganz einfach deshalb, weil Mühe und Risiko einer illegalen Auskundschaftung nicht lohnen, wenn die Produkte selber eine eindeutige Sprache sprechen.

Eine Sprache, der auch der technisch weniger Versierte leicht folgen kann, schon deshalb, weil das Produkt PKW entgegen allen Mutmaßungen weder über ein besonders hohes noch diffiziles technisch-wissenschaftliches Niveau verfügt.

Wer sich die Mühe macht, das Konzept sogenannter moderner PKW zu sondieren, der muß erkennen, daß sich in Verfolgung des Ziels des Umsatzes um jeden Preis eine Vielzahl fertigungstechnischer und konstruktiver Überlegungen zur wohlgeplanten Fehlkonstruktion aufsummieren.

In den folgenden Kapiteln soll eben dieser Sachverhalt anhand nur einiger exemplarischer Konstruktions- und Fertigungskonzepte aufgezeigt werden, weil es der Vielzahl der verwendeten Bauteile wegen unmöglich ist, innerhalb des gegebenen Umfangs auf alle Details einzugehen.

Lohnt sich nun überhaupt die Mühe eines derartigen kritischen Exkurses? Sicher tut sie das. Denn es gibt ohne jeden Zweifel kein weiteres technisches Produkt, als eben den PKW, dem eine so große, mit den folgenden Zahlen dokumentierte Bedeutung für den einzelnen wie für die gesamte Volkswirtschaft zukommt.

2. Teuer und unsicher

In regelmäßigen Abständen veröffentlichen Fachzeitschriften und Automobilistenvereinigungen Tabellen über die Kosten der einzelnen PKW-Modelle für deren Besitzer.

Es gibt Gründe, die dafür sprechen, daß die ermittelten Zahlen höchstmöglichen Wahrheitsgehalt haben.

So wäre es einerseits ungeschickt, zu hohe Kosten anzugeben, weil das manchen Autofahrer wieder zum Fußgänger machen würde, was sich ja letzten Endes als Kundenverlust der entsprechenden Verlage und Interessenverbände auswirken könnte.

Andererseits hätten zu geringe Kosten zu wenig vom beabsichtigten Warneffekt gegenüber den Kostenverursachern, nämlich den PKW-Herstellern, den Benzingesellschaften, Versicherungsgruppen und auch dem Finanzministerium.

Dieses Regulativ rückt die angegebenen Kosten in die beste Nähe der wirklichen.

Sie liegen allesamt in einer erschreckenden Höhe.

Die vom ADAC betriebswirtschaftlich und damit ehrlich errechneten monatlichen Autokosten, über die sich mancher Zeitgenosse aus Unfähigkeit zur echten Kalkulation keine Vorstellung macht oder aus Furcht vor der bedrückenden Erkenntnis über ihre tatsächliche Höhe keine solche machen will, ergaben sich im Frühjahr 1977 bei einer jährlichen Fahrleistung von 15 000 km wie folgt:

VW Polo DM 523,75, Audi 80 DM 638,75, Opel Ascona L 1,6 DM 677,50.

Es handelt sich hierbei um Fahrzeuge, die sich auch untere Verdienstgruppen mit einem monatlichen Nettoeinkommen von etwa DM 1400 halten.

Im Normalfall bleibt es nicht bei den oben genannten Summen. Da es üblich ist – die geringe Lebensdauer der gegenwärtigen Fabrikate zwingt jedenfalls dazu –, mehrere PKW hintereinander innerhalb eines relativ kurzen Zeitraums zu besitzen, muß realerweise den Kosten des momentan gehaltenen PKW die Draufzahlsumme des zukünftigen PKW zugerechnet werden. Dieser Betrag ist recht erklecklich. Geht man nämlich davon aus, daß man den »Alten« nach drei Jahren Laufzeit und einer Wertminderung von rund 45% in Zahlung gibt, um einen »Neuen« vom gleichen Modell und gleichen Preis (was zugegebenermaßen der ständigen Preissteigerungen wegen illusorisch ist, aber die Rechnung vereinfacht) zu erwerben, so entspricht das einer Monat für Monat neben den laufenden Haltungskosten zurückzulegenden Summe von DM 102,75 beim Polo, DM 147,40 beim Ascona und DM 139,75 beim Audi. Damit ergeben sich monatliche Aufwendungen für die Autohaltung von DM 626,50 beim kleinsten VW, DM 824,90 beim Opel und DM 778,50 beim Audi 80.

Aber selbst diese Kosten sind in sehr vielen Fällen nur der größere Bruchteil der realen. Die Aufstellung des ADAC berücksichtigt nämlich nicht, daß außergewöhnliche Reparaturen, hervorgerufen durch Unfall oder Fehlbedienung, im Einzelfall zusätzlich hohe Kosten verursachen.

Da viele Verdiener auch der unteren Einkommensklassen darüber hinaus oft genug auch teurere Wagen als die oben aufgeführten fahren, ist die Annahme keineswegs abwegig, daß in vielen Haushalten die Autokosten die Hälfte des Nettoeinkommens schlucken. Das ist sicher einer der wesentlichen Gründe dafür, daß in vielen Familien die Ehefrau mitverdienen muß. Damit fällt dann ausgerechnet der in vielen Witzen von der Männerwelt ob ihrer angeblich mangelnden Fahrkünste belächelten weiblichen Ehehälfte der Erhalt von Papis liebstem Spielzeug zu.

Wie die Ausgabenstatistik nachweist, wird der Anschaffung und Haltung eines oft überhaupt entbehrlichen PKW mit einer durchschnittlichen Nutzungsdauer von nur 42 Minuten pro Tag ohne Murren im Schnitt derselbe Einkommensanteil geopfert, den die unabdingbar notwendige und während 1440 Minuten am Tag genutzte Wohnung erfordert. Die Widersinnigkeit dieses Verhältnisses offenbart sich besonders bei einem Gang durch mietsubventionierte Sozialwohnsiedlungen, deren Parkflächen überraschend reich an fast neuen, teuren und mit umfangreichen Extras ausgestatteten PKW sind.

So teuer der PKW dem Einzelnen zu stehen kommt, so sehr belastet er auch das Staatsbudget. Die von der PKW-Lobby so gern gepflegte Auffassung, der Autofahrer finanziere seinen Anspruch an Verkehrseinrichtungen selber, ist nämlich völlig abwegig.

1975 betrugen die Staatseinnahmen aus dem PKW-Verkehr rund 5 Milliarden DM aus der KFZ-Steuer und 11 Milliarden DM aus der Treibstoffsteuer. Diesem »Plus« von 16 Milliarden DM stehen jedoch weitaus höhere öffentliche Aufwendungen und Verluste gegenüber. Im selben Jahr schluckte der Straßenbau etwa 7 Milliarden DM. Weitaus höher beläuft sich aber der volkswirtschaftliche Verlust durch die Minderung des Bruttosozialprodukts, hervorgerufen durch den Ausfall von 15000 Verkehrstoten als Produzenten und Konsumenten. Das sind etwa 12 Milliarden DM, wenn man davon ausgeht, daß jedes Unfallopfer weitere 20 Jahre lang seinen jährlichen Anteil am Bruttosozialprodukt von DM 40000 hätte erwirtschaften können.

Allein also der Aufwand zum Straßenbau und der Verlust durch die Verkehrstoten ergeben ein Minus von 3 Milliarden DM. Der Negativsaldo wächst selbstverständlich weiter an, wenn man die übrigen und von jedem zu tragenden Aufwendungen berücksichtigt, wie etwa den Arbeitsausfall von 500000 Verkehrsverletzten pro Jahr, deren ärztliche Versorgung, eventuelle Invalidenrenten, Kosten für Straßenerhaltung und Schneeräumen, Verkehrssteuerung, Verkehrspolizei, Verkehrserziehung usw.

Auch die Nichtautofahrer müssen also munter mitblechen, um die Verkehrsgepflogenheiten der PKW-Fahrer und damit den Umsatz der PKW-Hersteller zu erhalten.

Dabei müßte ein Mindestmaß an Gerechtigkeit eigentlich gerade das Gegenteil bewirken. Den am PKW-Verkehr nicht Beteiligten sollte eine aus PKW-Steuern finanzierte Abstandssumme gezahlt werden, um sie für die ertragene Lärm- und Geruchsbelästigung, für das Risiko einer darauf zurückzuführenden Erkrankung oder eines möglichen Unfalls zu entschädigen. Und die auch den Verzicht auf moderne Individualverkehrsmittel ausgleicht, die dem Nichtautofahrenden zur Verfügung stehen könnten, würden sie nicht, wie etwa die weiter hinten noch zu erwähnende Kabinenbahn, schon im Keime erstickt, um dem Umsatzmacher PKW erst gar keine ernsthafte Konkurrenz erstehen zu lassen.

Der PKW-Verkehr ist von einer beeindruckenden Unsicherheit. Das geht deutlich aus untenstehender Zusammenstellung hervor, die auf einer Erhebung der Jahre 1965 bis 1971 des Statistischen Bundesamtes beruht.

Verkehrsmittel	Getötete	Verletzte
	pro Milliarde Personenkilometer	
PKW	24	916
Bus	0,9	101
Straßenbahn	1,6	159
Eisenbahn	2,6	26

Das angeblich so moderne PKW-Verkehrssystem ist also rund 10- bis 35mal »gefährlicher« als das über 100 Jahre alte Eisenbahnsystem.

Der PKW-Verkehr steht jedoch nicht nur an einsamer Spitze in der systembedingten Unfallträchtigkeit, er verteilt auch seine Vor- und Nachteile sehr ungleich.

Wie oben schon festgestellt, wird der durch Verkehrsunfälle hervorgerufene gesamtwirtschaftliche Verlust nicht nur von den Autofahrenden, sondern auch von völlig Unbeteiligten mitgetragen.

Aber selbst innerhalb der Gruppe der Autofahrer sind Nutzen und Risiken äußerst ungleich verteilt. Obwohl sie nur 15% aller Führerscheininhaber ausmachen, verursachen zum Beispiel die jugendlichen Autofahrer 34% aller Verkehrsunfälle.

Und Untersuchungen der in letzter Zeit zur Wissenschaft erhobenen sogenannten Kompatibilität zeigen, wie eigentlich schon immer zu vermuten war, daß der Fahrer eines großen und schnellen Wagens trotz risikoreicher Fahrweise sehr viel sicherer in seiner schweren Karosserie sitzt, als der am möglichen Unfall unschuldige Insasse eines kleineren und vernünftig gefahrenen Wagens.

Das partielle systembedingte Versagen des Individualverkehrsmittels PKW – und anderes sind Verkehrsunfälle schließlich nicht – hat übrigens zu einem Defizit an Blutkonserven geführt. Die Preise für Plasma sind in letzter Zeit deshalb in schwindelnde Höhen gestiegen. Besonders in Entwicklungsländern lassen sich immer mehr Firmen nieder, die in Privatlaboratorien armen Leuten gegen geringes Entgelt Blut abzapfen. Findige haben sich anscheinend sogar auf das Rauben von Blut spezialisiert. Einem Zeitungsbericht zufolge hat die Polizei von Bangladesch die Fahndung nach einer Bande aufgenommen, die schlafenden Opfern Blut entnimmt, um es weiterzuverkaufen ...

3. Die große Verschwendung im PKW-Bau

Untersuchungen und eine Reihe von Veröffentlichungen haben deutlich gemacht, daß die zur Zeit bekannten Rohstoffvorräte in absehbarer Zeit ausgebeutet sein werden. Das stellt kein ernstzunehmender Wissenschaftler mehr in Frage, allenfalls wird nur über den genaueren Termin der tatsächlichen Erschöpfung diskutiert. In Anbetracht der vielen Generationen mehr oder weniger glücklichen Bestehens, die die Menschheit noch vor sich haben kann, scheint es jedoch fast gleichgültig zu sein, ob sich dieser Zeitpunkt um 20 oder 30 Jahre hinausschieben läßt. Zahlen weisen nach, daß die PKW-Hersteller bei der Ausplünderung unseres Planeten kräftig mitmachen.

Ein europäischer Mittelklassewagen enthält im Schnitt 850 kg Eisen, 40 kg Leichtmetalle, 25 kg Kupfer und 50 kg Kunststoffe. Bei einer Jahresproduktion von rund 4 Millionen PKW verbraucht die PKW-Industrie der BRD etwa 3,4 Milliarden kg Eisen, 160 Millionen kg Aluminium, 100 Millionen kg Kupfer und 200 Millionen kg Kunststoffe.

Nach Ablauf der mittleren Lebensdauer eines PKW von noch nicht einmal zehn Jahren fällt jeweils die gleiche Menge an Werkstoffen in Form von Schrottfahrzeugen an, die ganze Gebirge nutzlos gewordener Rohstoffe bilden. Und zwar von Rohstoffen, die zuvor in teuren Prozessen aus ständig schwindenden Reserven gewonnen werden mußten.

Trotz dieser so deutlichen Verschwendung hat die PKW-Industrie bislang kaum Überlegungen angestellt oder gar in konstruktiven und fertigungstechnischen Details verwirklicht, die in ihren Produkten investierten Werte leicht wieder nutzbar zu machen. Es bleiben damit nur die traditionellen Verschrottungs- und Wiederverwertungsverfahren, deren geringes technologisches Niveau nur eine kümmerliche Ausbeute des Schrotts ermöglichen. So werden nur rund 40% des Eisenschrotts im PKW wieder der Verhüttung zugeführt. Nur 35% des Kupfers und 21% des Aluminiums können wieder verwendet werden. Diese zum großen Teil sinnlose, weil durch Recyclemethoden oft vermeidbare und weil einem technologisch rückständigen Gerät geopferte Ausbeutung von unersetzlichen Rohstoffreserven macht indes nicht bei den Werkstoffen halt.

So erfordert die Fertigung eines PKW einen durchschnittlichen Energieaufwand von 10000 Kilowattstunden.

Damit könnte man ein Einfamilienhaus ein ganzes Jahr lang heizen, mit Licht und Warmwasser versorgen.

Übrigens kostet auch das Verschrotten und die teilweise Wiederaufbereitung der Schrottmetalle weitere teure Energie von etwa 2000 Kilowattstunden. Anstatt neidische Bewunderung denen zu zollen, die ihre Autos wie Hemden wechseln und ständig das neueste Modell vor der Türe stehen haben (wobei gerne vergessen wird, daß allerdings der Onkel von der Bank bei ca. 80% aller Neuwagen gut beteiligt ist), sollte vielmehr Hochachtung den Fahrern von Altwagen entgegengebracht werden: Sie sind es, die, vielen Widrigkeiten ihres gebrechlicher werdenden Fahrzeugs zum Trotz, bewußt oder unbewußt Verantwortung für den Rohstoffbedarf und damit für die Existenzgrundlage kommender Generationen zeigen.

Außer Werkstoffen und Energie wird in einem PKW jedoch auch menschliche Arbeitskraft und Denkleistung investiert, die nicht wiederverwendbar, nicht recyclefähig ist, sondern mit dem Schrottfahrzeug unwiderruflich auf die Halde gekippt wird.

Zur Zeit kann man die Personalkosten zur Entwicklung eines neuen PKW-Modells auf gut 300 Millionen DM veranschlagen. Das entspricht rund 10000000 Arbeitsstunden einiger hundert Ingenieure, Techniker und qualifizierter Arbeiter in Konstruktionssälen und Entwicklungswerkstätten.

Dieser Arbeitsaufwand vervielfacht sich, wenn man berücksichtigt, daß er zur gleichen Zeit und in etwa gleichem Umfang auch in anderen PKW-Firmen zur Entwicklung eines wiederum ganz ähnlichen »Konkurrenz«-Modells aufgebracht wird. Die PKW-Industrie maßt sich also an, schwammähnlich Arbeits- und Denkleistung zur Herstellung einer, wie noch dargestellt wird, nicht mehr zeitgemäßen Konstruktion zu absorbieren, diese somit dem Markt zu entziehen und damit das Entstehen neuer wesentlicherer Produkte zu verlangsamen oder zu unterbinden.

Man sollte meinen, die einhellig als mahnende Signale einer Strukturkrise gewerteten wirtschaftlichen Ereignisse der Jahre 1974 und 1975 hätten deutlich gemacht, daß unser aller angenehmer Fortbestand neue und effektivere Produkte weitaus nötiger hat, als die ständige phantasielose Wiederholung des gewohnten Blechtrödels der PKW-Hersteller in neuen Varianten.

Jedoch nicht nur während seiner Herstellung, sondern auch noch während des Betriebs eines PKW werden unersetzliche materielle und geistige Ressourcen vergeudet.

So verbraucht das PKW-Straße-Verkehrssystem ein Vielfaches dessen an Energie, was das alternative moderne Individualverkehrssystem Kabinenbahn zu seinem Betrieb verlangt.

Der Erhalt der Betriebsfähigkeit des PKW-Bestandes der BRD ist vom Einsatz einiger hunderttausend gut ausgebildeter Kraftfahrzeughandwerker abhängig. Zu einem überwiegenden Teil sind sie damit beschäftigt, Schäden zu beheben, die auf falsche Grundkonzeptionen, oberflächliche Konstruktion, schlampige Fertigung und mangelnde Wartung zurückzuführen sind. Ihre Arbeitskraft wird dadurch von der Schaffung neuer Produkte ferngehalten und kann zum notwendigen Fortschritt nicht beitragen.

Ein nicht zu unterschätzender Nebeneffekt der am PKW offen demonstrierten Geringschätzung von Rohstoffen, Energie und menschlicher Arbeits- und Denkkraft liegt mit Sicherheit darin, daß die Wegwerfmentalität weiter Bevölkerungskreise sich am Beispiel PKW schult und auf andere Produkte übertragen wird. Allen Voraussagen nach ist jedoch schon die Tendenz zu weiterer unkontrollierter Vergeudung in Zukunft nicht mehr tragbar.

4. Mangelnde Produktinnovation

Es gibt keinen anderen Industriezweig ähnlicher Bedeutung, der so weitgehend zu wirklichen Neuerungen unfähig ist und sich trotzdem selber oder über eine sogenannte Fachpresse als Wegbereiter modernster Technologie darzubieten versteht, wie die PKW-Industrie.

Ähnlich der Bekleidungsindustrie, die mit immer gleichbleibenden Zutaten in stetem Wechsel längere und kürzere, gepunktete und einfarbige, glatte und geraffte Röcke auf den Markt bringt, so produziert die PKW-Industrie ebenso munter immer wieder neu gestylte Modelle gleichbleibender und altbekannter Grundkonzeption.

So haben sich innerhalb der letzten 80 Jahre, also seit »Erfindung« des PKW, dessen Zutaten nicht verändert. Geblieben ist das Fahrgestell mit den vier gefederten Rädern, deren zwei vordere lenkbar sind. Geblieben ist auch der Antrieb mittels Verbrennungsmotors, dessen Betriebsverhalten über ein in Stufen schaltbares Zahnradgetriebe dem Fahrzustand des PKW mühsam und sehr unvollkommen angepaßt werden muß. Erhalten geblieben ist auch das »Einrücken« des Antriebs über eine Kupplung und die Methode, über Reibungsbremsen Fahrenergie in Wärmeenergie umzusetzen. Der Aufwand von Milliardenbeträgen und der Einsatz eines Heers von Ingenieuren haben während einer in der Geschichte der Technik langen Epoche von 8 Jahrzehnten diese Grundkonzeption nicht zu verändern vermocht.

Auch beim Unkritischsten müßten sich Bedenken erheben, ob die wenigen, wissenschaftlich oft gar nicht und handwerklich meist recht dürftig ausgebildeten Erfinder des PKW zu einer Zeit geringen technologischen Wissensstandes wirklich so geniale Ideen in die Welt setzten, daß diese auch heute noch und allem Anschein nach in weiteren PKW-Modellen ohne prinzipielle Änderungen pausenlos auch in Zukunft vervielfältigt werden können. Das angesichts einer sich auf anderen Gebieten ständig verändernden technischen Landschaft, die in kurzen Zeitabständen echte Neuerungen, wie andere Flugmethoden, bisher unbekannte elektronische Bauelemente, neuartige Antriebstechniken, neue Kunststoffe mit speziellen Eigenschaften usw. hervorzubringen vermag.

Trotz ständig wachsendem Stab an technischem Entwicklungspersonal, erweiterten und auf modernem Stand gehaltenen Laboreinrichtungen sind Ausmaß und Anzahl der Neuerungen auf dem PKW-Sektor vergleichsweise kläglich.

Um den hier gebrauchten Begriff der Neuerung exakter erläutern zu können, soll zwischen quantitativen und qualitativen Entwicklungen unterschieden werden. Das macht ein einfaches Beispiel klar:

Jeder Bäckermeister wird es zu seiner Berufsehre zählen, seine Brötchen immer wohlgerundeter zu formen und knuspriger durchzubacken. Die zu treffenden Verbesserungen sind rein quantitativer Art. Man kennt das Produkt, die zu beseitigenden Mängel und die zu verbessernden Eigenschaften. Mit größerer Sorgfalt und vermehrtem Fleiß, vor allem auch mit wachsender Berufserfahrung läßt sich das machen.

Angenommen, Brezeln wären bis dato noch nicht bekannt, dann wäre die Einführung eines solchen Laugengebäcks durch unseren Bäckermeister eine qualitative Verbesserung auf dem Gebiet der Bäckerei, eine Neuerung, eine Innovation. Auf die besondere Form der Brezeln zu kommen, ihren speziellen Geschmack durch Eintauchen in Lauge zu erzielen, das Ermitteln neuer Backzeiten und -temperaturen erfordern erst wirkliche Erfindungsgabe und Intuition, also Kreativität.

Die PKW-Industrie befindet sich eindeutig im Stadium des nicht schöpferischen Bäckers:

So wie ihm die Brötchen, so liegt ihr das Produkt Auto vor, und zwar, wie schon festgestellt, nach einem Konzept gestaltet, wie es die dürftigen technischen Möglichkeiten des ausgehenden letzten Jahrhunderts gestatteten. Auch seine Mängel sind bekannt, und die PKW-Industrie beschränkt sich auf eine außergewöhnlich träge ablaufende und nur bruchstückhafte Verbesserung der von den Urvätern des Automobilbaus auf uns überkommenen Konstruktion.

Da ist zum Beispiel die Radfederung.

Grundsätzlich und funktionell unterscheidet sich die übliche Federung eines PKW nicht wesentlich von der einer spätrömischen Kutsche. Auch hier schon wurde jedes Rad gegenüber dem übrigen Wagenkörper abgefedert, indem man ein elastisches Bauelement, nämlich Lederriemen, zwischen beiden anordnete. Rollte eines der vier Räder über eine Unebenheit auf der Fahrbahn, so behielt die in den Lederriemen aufgehängte Kutsche aufgrund deren Nachgiebigkeit in etwa ihre Lage bei. Darauf beruht im wesentlichen der Komfort jedes gefederten Fahrzeugs. Nach dem Federungsvorgang soll sich das federnde Bauteil wieder in seine ursprüngliche Gestalt zurückverformen; diese Eigenschaft besitzen elastische Werkstoffe.

Wenn auch die »moderne« Fahrzeugtechnik anstelle von Leder andere elastische Werkstoffe, vorzugsweise Stahl und anstelle der Riemenform als Schraubenfedern, Blattfedern und verdrehweiche Stäbe gestaltete Federelemente einsetzt, dann bleiben dennoch die meisten der grundsätzlichen und keineswegs nur positiven Eigenschaften der historischen Radfederung erhalten.

Das sind folgende: Jedes elastische Federelement, gleich welcher Bauart und gleich welchen Werkstoffs, reagiert auf die beanspruchenden Kräfte immer durch Verformen. Gleichgültig nun, ob diese Kräfte ein Verbiegen oder Verdrehen des Federelementes hervorrufen, bedeuten zunehmende Federkräfte ein heftigeres Einfedern des Rades am Auto. Besonders ungünstig bei den gebräuchlichen Federungssystemen ist, daß sie nicht in der Lage sind, zwischen den einzelnen Ursachen der Federkräfte unterscheiden zu können.

Zum einen gibt es da Federkräfte, die entstehen, wenn das rollende Rad durch eine Fahrbahnunebenheit angehoben wird. Diese Federkräfte werden vom Federungssystem sozusagen erwartet und deshalb auch so verarbeitet, daß größtmöglicher Fahrkomfort erhalten bleibt.

Federkräfte mit anderen Ursachen lassen aber das Rad ebenso einfedern, ohne daß dies aus Gründen des Fahrkomforts notwendig wäre.

Durchfährt nämlich ein Auto eine Kurve, dann entstehen Fliehkräfte, die durch höhere Kräfte an den kurvenäußeren und niedrigere Kräfte an den kurveninneren Rädern ausgeglichen werden müssen. Dadurch werden die kurvenäußeren Räder mehr, die kurveninneren Räder dagegen weniger eingefedert. Was zur Folge hat, daß sich das Auto schräg legt. Der Techniker nennt diese Bewegung das Rollen um die Längsachse.

Vergleichbares ist beim Bremsen oder Beschleunigen eines PKW festzustellen. So treten beim Verzögern Kräfte auf, die den Fahrzeugbug niederdrücken und das Heck anheben. Beim Beschleunigen hebt sich der Bug, das Heck sackt ab. Das sind Fahrzeugnickbewegungen.

Bekanntlich ist ein PKW sehr unterschiedlichen Belastungszuständen ausgesetzt. So kann er nur mit einer leichten Person besetzt sein, aber auch durch Reisegepäck im Kofferraum, Boot auf dem Dach und fünf Personen im Innenraum beladen werden. Hier hat das spätrömische Federungssystem unserer »modernen« PKW zur Folge, daß das fast leere Fahrzeug hochbeinig mit weit ausgefederten Rädern dasteht, im anderen Fall aber tief und mit dem Heck fast die Fahrbahn streifend daliegt.

Rollen, Nicken und unterschiedlicher Belastungszustand bringen nun aufgrund der Unfähigkeit der üblichen primitiven PKW-Federungssysteme, zwischen den Ursachen der einzelnen Federkräfte unterscheiden und differenziert reagieren zu können, also auch auf jeden Fall Federbewegungen der Räder zuwege. Diese sind eigentlich nicht vorgesehen und verschlechtern entscheidend das Fahrverhalten eines PKW. Jedenfalls weitaus mehr, als vom Stand der derzeitigen Technologie her erforderlich wäre.

So ist es noch nicht einmal so sehr die beim unterschiedlichen Einfedern sich verändernde Schwerpunktslage des PKW, die die

Fahreigenschaften negativ beeinflußt, als vielmehr die durch die unerwünschten Federvorgänge sich verändernde Achsgeometrie. Damit ist vor allem die Stellung der vier Räder eines PKW in bezug auf die Fahrbahnoberfläche und deren dynamische Veränderung durch Federbewegungen gemeint.

Im Normalfall rollen die vier Räder eines PKW paarweise parallel und senkrecht zur Fahrbahnoberfläche. Dann ist nämlich der Rollwiderstand und damit der Reifenverschleiß und der Treibstoffverbrauch am geringsten.

Die Art der Radaufhängung bringt es nun zumeist mit sich, daß abweichend von diesem Normalzustand die Räder durch die Radfederbewegungen eine andere Neigung zur Fahrbahnoberfläche annehmen. Ihr sogenannter Sturz ändert sich. Ein selbst unter einem geringen Winkel zur Fahrbahnoberfläche geneigtes Rad aber rollt nur mit größerem Abrieb, also erhöhtem Reifenverschleiß und größerem Rollwiderstand, also vermehrtem Treibstoffverbrauch, weiterhin geradeaus. Vor allem verschlechtert sich aber die Fahrsicherheit. Umfangreiche Untersuchungen an Universitätsinstituten haben schon vor Jahrzehnten nachgewiesen, daß ein zur Fahrbahn geneigtes luftbereiftes Rad eine Kurve in Richtung seiner Neigung fahren möchte. Radfederbewegungen bringen also nicht nur Karosseriebewegungen mit sich, sondern vor allem unerwünschte und unerwartete Kurvenfahrten, die der Fahrer durch Gegenlenkbewegungen am Lenkrad ausgleichen muß. Die Fahrsicherheit hängt davon ab, ob der Fahrer hierbei schnell und präzis genug reagiert. Gelingt ihm das nicht, dann kann die Folge einer jener Unfälle sein, die in den Unfallberichten mit der Wendung »aus unerklärlicher Ursache von der Fahrbahn abgekommen« kommentiert werden.

Die Fast-Hauszeitung des VW-Werks »Gute Fahrt« beschreibt das so: »Die starken Spur- und Sturzänderungen dieser Konstruktion (gemeint ist die Käferhinterachse) raten zu mäßiger Gangart in Kurven, ein Ausbrechen des Wagenhecks ist sonst schnell provoziert.«

Medizinische Tests haben ergeben, daß PKW mit besonders ausgeprägtem und auf die oben beschriebenen Vorgänge zurückzuführendem sogenanntem schlechten Eigenlenkverhalten den Fahrer in einem fortwährenden kreislaufschädigenden Streßzustand halten können.

Der PKW-Industrie sind die geschilderten Nachteile der gebräuchlichen Federungssysteme seit Jahren bekannt. Kennzeichnend, und in ganz ähnlicher Weise in anderen Bereichen wieder feststellbar, ist für alle PKW-Produzenten nun, mit welcher Zähigkeit sie ihre altertümlichen Federungskonstruktionen beizubehalten versuchen und nur langsam vor dem wachsenden Kenntnisstand der PKW-Fahrer zurückweichend mehr Sicherheit in ihre Fahrgestelle einbauen.

So gingen viele Jahre ins Land, bis die PKW-Industrie die nachteilige Kurvenneigung ihrer Produkte etwas verringerte, indem sie zuerst die Vorderachsen mit sogenannten Neigungsstabilisatoren versah. Das sind reichlich simple Vorrichtungen, die das bei Kurvenfahrt heftigere Einfedern des kurvenäußeren Rades vermindern. Diese »Verbesserung« wurde so etwa Ende der fünfziger Jahre vorgenommen. Zu diesem Zeitpunkt waren die PKW-Hersteller anscheinend noch nicht in der Lage, zu erkennen, daß ein sich vorn aus der Kurve neigendes Fahrzeug das auch weiter hinten tut. Denn erst etliche Jahre später gestanden sie auch der Hinterachse solche Stabilisatoren zu.

Es ist schlichtweg unumgänglich, an dieser Stelle noch einmal auf die das Kapitel einleitenden Bemerkungen über wesentliche Eigenschaften der PKW-Industrie zurückzukommen: die Unfähigkeit zur wirklichen Neuerung und die Fähigkeit sich als Wegbereiter modernster Technologie darzustellen. Da man seit langem den Fehler und die technischen Möglichkeiten zu seiner Verminderung kannte, war der Einbau von Stabilisatoren in keinem Fall eine Neuerung, eine Innovation, es sei denn, man bezeichnet als solche auch die Erkenntnis, ein stumpfes Messer schleifen zu müssen, um damit besser schneiden zu können. Trotzdem ließ sich die PKW-Industrie zu dieser Tat seinerzeit von einer Schar sogenannter Autojournalisten in der Pose eines Boxchampions mit erhobenen Fäusten feiern.

Übrigens: ein kurzer Blick unter ein mit Stabilisatoren ausgestattetes Fahrzeug macht auch dem Laien deutlich, daß diese zwar die Kurvenneigung vermindern, gleichzeitig aber durch die mechanische Koppelung der jeweils einander gegenüberstehenden Räder über eine auf Verdrehung beanspruchte Feder das freie und unabhängige Einfedern des einzelnen Rades behindern. Der Federungskomfort beim Überfahren von Bodenunebenheiten wird verringert. Stabilisatoren ergeben letzten Endes nur einen Kompromiß zwischen gutem Federungskomfort und verbesserter Kurvenfahrsicherheit.

Der PKW-Industrie sind selbstverständlich auch seit langem die Nachteile der traditionellen Radfederungssysteme bei unterschiedlichem Belastungszustand bekannt. Das mit dem Heck fast die Fahrbahn berührende schwer beladene Fahrzeug blendet nicht nur den nachts entgegenkommenden Autofahrer mit dem hoch in den Himmel zielenden Strahl seiner Scheinwerfer, sondern weist darüber hinaus noch eine Reihe weiterer kritischer Eigenschaften auf. Auch hier ergibt sich durch die weiter vorn erwähnte veränderte Achsgeometrie ein verändertes, dem Fahrer ungewohntes und damit die Fahrsicherheit beeinträchtigendes Lenkverhalten. Das schwer beladene Fahrzeug schwingt beim Überfahren von Fahrbahnunebenheiten weit durch, hat aber, da es ja von vornherein tiefer in den Federn liegt, wenig Federweg zur Verfügung.

Auch zur Veränderung dieser Verhältnisse vollzog die PKW-Industrie nur penetrant langsam vonstatten gehende Verbesserungen, deren Hauptwerk eigentlich nur darin besteht, daß man sie als deutliches Zugeständnis der mangelnden Eigenschaften der bisherigen Federungen werten kann. Mit den getroffenen Maßnahmen zur Verbesserung sind vor allem Zusatzfedern und sogenannte Niveauregulierungen gemeint, die üblicherweise nur auf Wunsch des Käufers in das Fahrzeug eingebaut werden.

Das primitivste Mittel, unterschiedliche Belastungszustände durch geringere Veränderung der Höhenlage der Fahrzeugkarosserie erträglicher zu machen, ist die Zusatzfederung. Parallel zur Serienfederung eingebaute Federelemente machen die Federung insgesamt härter und verringern entsprechend das Absacken der Karosserie. Natürlich vermindert sich durch diese Primitivmaßnahme auch der Federungskomfort. Damit meist auch die Fahrsicherheit, weil das relativ komplexe System bestehend aus Fahrzeugmasse, Federung und Dämpfung verstimmt wird.

Etwas geistvoller sind Niveauregulierungen, die es in unterschiedlichster Ausführung gibt. Auch sie werden parallel zur Serienfederung eingebaut und nehmen einen Teil der Fahrzeugmasse elastisch auf. Als elastisches Federelement dient hier eine Stickstoff-Füllung, die beim Zusammenpressen wie eine Feder reagiert. Zwischen dieser Stickstoff-Füllung und dem gefederten Rad befindet sich in einer Art Stoßdämpfer Hydrauliköl. Sackt das Fahrzeug bei heftiger Beladung in die Federn, dann wird Öl in den »Stoßdämpfer« gepumpt. Das Fahrzeug wird dadurch wieder auf sein ursprüngliches Niveau angehoben. Das Zufüllen des Öls, oder das Ablassen, wird durch einfache Ventile gesteuert, kann aber auch von Hand erfolgen, wodurch der

Fahrer dem Fahrzeug eine höhere oder tiefere Lage, je nach Straßenzustand oder Gelände geben kann.

Der Schluß liegt nun nahe, auf herkömmliche Federungssysteme zu verzichten und überhaupt nur solche oben beschriebenen sogenannten hydropneumatischen Federungssysteme zu verwenden. Citroën macht seit mehr als zwanzig Jahren als einziger PKW-Hersteller von diesem System umfassenden Gebrauch. Und es sind im wesentlichen diese Federungssysteme, die den Citroëns sehr guten Fahrkomfort bei ausgezeichneter Fahrsicherheit geben, indem sie unerwünschte Federungsbewegungen, durch Rollen oder Nicken und durch unterschiedlichsten Belastungszustand hervorgerufen, fast völlig unterbinden können.

Ein Blick in die Preislisten zeigt, daß solcherart ausgestattete Fahrzeuge nicht teurer als die mit »spätrömischer Kutschfederung« sein müssen. Im Gegenteil, bei großen Serien dieser hydropneumatischen Radfederungen können diese sogar billiger als die herkömmlichen sein, erspart man sich mit dieser Konstruktion doch die sonst erforderlichen separaten Stoßdämpfer.

Um es deutlich zu sagen: Hydropneumatische Federungssysteme à la Citroën sind beileibe keine Alternativen, sondern stellen im Gegensatz zu den herkömmlichen mechanischen Federungssystemen, auch dann, wenn diese in so noblen Häusern wie Daimler Benz, BMW und Porsche noch Usus sind, den technischen Standard dar. Es wäre also vom technischen wie vom kaufmännischen Standpunkt her gesehen unerklärlich, warum diese so vorteilhafte Art der PKW-Federung nicht generell eingesetzt wird, müßte man nicht die außerordentlich träge Entwicklungsdynamik der PKW-Hersteller in Rechnung setzen.

Zur weiteren Illustration der Unfähigkeit der PKW-Industrie zur Innovation sei erwähnt, daß die hydropneumatische Radfederung in ihrer Grundidee auf eine vor etwa 120 Jahren erfundene Form der niveauregulierenden Lokomotivfederung zurückgeht. Anstelle des Stickstoffs und des Hydrauliköls verwendete man damals als elastisches Federelement Dampf, den man ja sowieso in der Lokomotive erzeugte. Wenn man also schon vor etlichen Generationen ein niveauregulierendes Federungssystem für Lokomotiven erdacht hatte, die nur einem geringen Wechsel ihres Belastungszustandes ausgesetzt sind und außerdem noch auf einem von Fahrbahnunebenheiten freien Gleis mit mäßiger Geschwindigkeit fuhren, um wieviel mehr hätte dann die PKW-Industrie bemüht sein müssen, ihren großen Unterschieden in der Beladung unterworfenen, teilweise auf sehr unebenen Fahrbahnen mit ständig gesteigerter Geschwindigkeit sich bewegenden Produkten ein dem Stand der Technik entsprechendes optimales Federungssystem zu verabreichen?

Ein weiteres und leicht greifbares Zeichen für die geringe Innovationslust der PKW-Hersteller ist die unnötige Verzögerung im Einsatz von automatischen PKW-Getrieben.

Die einfach zu berechnenden und simpel zu fertigenden Grundbauelemente, nämlich die hydrodynamische Kupplung und der hydrodynamische Wandler, wurden schon im Jahre 1898 von einem deutschen Ingenieur namens Föttinger erdacht. Das erste Probegetriebe existierte schon 1908, und kurz danach wurden diese Antriebselemente im Schiffsbau fast üblich. Schon zu diesem Zeitpunkt hätte die entstehende PKW-Industrie eigentlich auf die sich mit dieser Getriebeart bietenden Vorteile, nämlich weitgehende Bedienungsfreiheit, geringer Verschleiß, Zuverlässigkeit durch einfache Bauweise, sanftes Anfahren, aufmerksam werden müssen.

Sie wurde es nicht. Selbst etliche Jahrzehnte später, nämlich um 1925, als der Ingenieur Rieseler der deutschen PKW-Industrie eine fast mundgerechte und ohne größere Änderungen in Serie übernehmbare Konstruktion eines automatischen PKW-Getriebes anbot, biß sie immer noch nicht an. Sie fand die Zeit noch nicht reif dazu. Diese Haltung bestätigte einmal mehr eine besonders der deutschen PKW-Industrie innewohnende schizophrene Geisteshaltung:

Wollte man doch auf der einen Seite gerade zu dieser Zeit aus dem sehr umständlich zu bedienenden, mit rupfender Kupplung, Zwischengas und Zwischenkupplung zu schaltenden Hobbygerät Automobil der oberen Gesellschaftsschichten ein einfach zu bedienendes Jedermannverkehrsmittel machen und negierte andererseits das automatische Getriebe, das mit seinen Eigenschaften gerade erst breiten Schichten das Auto hätte zuführen können.

Dieses Verhalten ist um so mehr als ungewöhnlich kurzsichtig zu bezeichnen, wenn man sich daran erinnert, daß schon eine Autogeneration vorher das mit einer von jedem Holzhacker bedienbaren Schaltautomatik ausgestattete Ford-T-Modell hauptsächlich aus Gründen seiner unkomplizierten Bedienbarkeit zu einem 15 Millionenerfolg in aller Welt wurde und der deutschen PKW-Industrie seinerzeit die Entwicklungsrichtung hätte markieren müssen.

Die PKW-Industrie in unserem Lande reagierte erst zu Beginn der sechziger Jahre, also ganze vierzig Jahre nach der Entwicklung funktionsfähiger Schaltautomaten im eigenen Land, indem sie sich in ihren Konstruktionen unter Lizenznahme an automatische Getriebe aus den USA anlehnte.

Die Amerikaner hatten nämlich, ausgehend von den Grundüberlegungen zum vorher erwähnten Rieselergetriebe, die Zeit genutzt und schon vor dem Zweiten Weltkrieg begonnen, in großer Zahl langlebige, billige Schaltautomaten zu produzieren.

Die Automobilindustrie ist gleichzeitig der größte Produzent von Sitzmöbeln. Immerhin enthält ja jeder gefertigte PKW mindestens vier mehr oder weniger aufwendig geformte Polstersitze. Heute noch wird die Mehrzahl aller Autositze in handwerklicher Polsterermanier fertiggestellt. In wenig automatisierbaren und deshalb teuren Fertigungsabläufen werden die aus den Sofas unserer Großmütter bekannten Bänder, Drahtfedern, Futter und Stoffüberzüge zusammengefügt. Es entstehen auf diese Weise nicht nur kostspielige, sondern auch aufgrund ihres Inhalts an spitzen und scharfkantigen Metallteilen bei Unfällen den Fahrzeuginsassen gefährlich werdende Sitzgelegenheiten.

Wenn schon die meisten PKW-Hersteller bislang unfähig waren, für die Sitzherstellung andere als die von den Polsterern vorexerzierten Methoden zu entwickeln, dann hätten sie sich wenigstens an den Produktionsverfahren der Komfortmöbelindustrie orientieren können. Seit nahezu 20 Jahren nämlich fertigt dieser Industriezweig aus Kunststoff geschäumte Sitze, die billig und bequem sind und aufgrund ihrer Metallfreiheit im PKW zusätzliche Verletzungen bei Unfällen ausschließen würden.

Die wenigen Anwender solcher sogenannter integralgeschäumter PKW-Sitze, darunter immerhin Citroën mit seinen bekannt bequemen Fahrzeugen, beweisen, daß diese billiger zu produzierenden Sitze gleichzeitig erstklassigen Komfort bieten können.

Selbst also auf dem Gebiet der Sitzeproduktion zeigen die PKW-Hersteller in ihrer Mehrzahl keine Neigung zur Neuerung, die hier dazu noch besonders komplikationslos wäre, als man das erforderliche Know-how einem anderen Industriezweig hätte abgucken können.

Ähnliches Versagen läßt sich im Bereich der Autoelektrik beobachten. So wurde zum Beispiel aus unverständlichen Gründen die generelle Einführung der Drehstromlichtmaschine im PKW, seit Jahrzehnten auf anderen Anwendungsgebieten längst Usus, verschleißfreier, unkomplizierter und billiger als jede andere elektrische Maschine, um Jahre verzögert.

Seit gut 15 Jahren hat sich in der Elektrotechnik das Verbinden von elektrischen Bauteilen in Form von sogenannten Leiterplatten oder gedruckten Schaltungen etabliert. Elektrochemisch billig und sicher herstellbare, zuverlässige und übersichtliche Leitungen in Form von Kupferbändern auf Hartkunststoffplatten ersetzen bekanntlich den früher in Radios und Fernsehgeräten vorzufindenden Drahtwirrwarr. Wer jedoch einen Blick hinter das Armaturenbrett eines »modernen« PKW wirft, kann sich angesichts des dort vorzufindenden Drahtverhaus nur wundern, daß hier nicht schon längst eine Sanierung der elektrischen Verschaltung mit solchen Leiterplatten stattgefunden hat.

Da gedruckte Schaltungen nahezu völlig korrosionsunempfindlich sind, würde darüber hinaus die Zuverlässigkeit des Bordnetzes erhöht. Sie würden nicht nur die Herstellungskosten verringern, sondern auch aufgrund ihrer Übersichtlichkeit die Reparaturen im elektrischen System eines PKW vereinfachen und damit auch die Reparaturkosten verringern.

Da bei gedruckten Schaltungen keine Kabel aneinander scheuern und zu Kurzschlüsse führen können, würde auch die Brandsicherheit eines PKW erhöht werden.

Trotz aller dieser Vorteile führt die PKW-Industrie das System gedruckter Schaltungen nur zögernd und stückweise ein.

Der unkritische Beobachter der Autoszene erhält beim Durchblättern von Prospekten und beim Lesen von Autozeitschriften den Eindruck, der negative Lenkrollhalbmesser, bekannt von den neueren VW- und Audi-Modellen, sei eine absolut umwälzende Entwicklung der allerletzten Zeit. Der Eindruck täuscht. In Wirklichkeit geht das Prinzip des negativen Lenkrollhalbmessers, der die Fahrsicherheit wesentlich erhöht, auf eine Patentschrift des Jahres 1958 zurück. An dieser Stelle das Prinzip des negativen Lenkrollhalbmessers detailliert zu erläutern, würde zu weit gehen und den technischen Laien langweilen. Es genügt zu wissen, daß der negative Lenkrollhalbmesser mit einer relativ einfachen konstruktiven Maßnahme an der Vorderachse erreicht wird und sein Vorteil darin besteht, bei ungleichmäßig ziehenden Bremsen ein Schleudern und Ausbrechen des Fahrzeugs zu verringern.

1965 kam ein amerikanischer PKW, der Oldsmobil Tornado,

mit eben dieser Vorderachskonstruktion auf den Markt. Erst eine ganze Reihe von Jahren später, nämlich 1972, erschien der Audi 80 als erstes deutsches Serienauto mit diesem Sicherheitsdetail.

Der Zeitverzug von rund 14 Jahren zwischen der Idee und ihrer noch nicht einmal schwierigen Verwirklichung kann wohl kaum auf sonderliche Entwicklungsdynamik in der PKW-Industrie hindeuten.

Auch die als so schrecklich modern gepriesene sogenannte Verbundlenkerachse von Golf und Polo ist so neu gar nicht. Immerhin geht sie auf Patente aus dem Jahre 1950 zurück. Wobei besonders bezeichnend ist, daß sich weniger die KFZ-Industrie als vielmehr die Landmaschinentechnik um die Realisation dieser Achse bemühte, deren wesentlichstes Detail in der Verwendung eines zwar biegesteifen, aber verdrehweichen und den Stabilisator ersetzenden Achskörpers liegt.

Ebensowenig revolutionierend ist das Transaxle Prinzip der neuen Porschetypen 924 und 928, bedeutet es doch ebenfalls nur einen Griff in die Klamottenkiste der KFZ-Technik. Transaxle meint nur die räumliche Trennung eines alternativ über der Vorderachse angeordneten Motors mit über der Hinterachse liegendem Getriebe. Daraus ergibt sich eine bessere, weil gleichmäßigere Gewichtsverteilung, gute Geradeausfahreigenschaft und geringere Windempfindlichkeit. Diese Erkenntnisse hatte der legendäre Automobilkonstrukteur Ettore Bugatti immerhin schon im Jahre 1928, als er seinen Typ 41, den La Royale, auf den Markt brachte. Dieses Fahrzeug hatte vornliegenden Motor und hintenliegendes Getriebe und im Laufe der PKW-Historie folgten noch eine ganze Reihe anderer erfolgreicher Typen mit demselben Antriebssystem: 1937 der Lancia Aprilia, 1950 der Lancia Aurelia, 1958 die Dafs mit den Automatikgetrieben, 1960 der Tempest von General Motors, etwa zur selben Zeit der Geländewagen Haflinger von Puch, 1972 die Alfetta und Alfa Romeo. Außer dem Wirbel der sogenannten Fachpresse um das Transaxle-System ist daran also eigentlich nichts Neues.

Von stürmischem Drang zur Verbesserung oder gar Innovation ist recht wenig festzustellen.

Wenn nun schon die PKW-Hersteller zu umfassenden Neuerungen außerstande sind, konnten sie dann wenigstens die gegebenen Eigenschaften eines PKW verbessern?

Zu einer dieser wesentlichen Eigenschaften, die in Zukunft

bei sich verringerndem Energieangebot und steigendem Energiepreis immer interessanter werden wird, zählt der Treibstoffverbrauch.

Vergleicht man allerdings den Verbrauch von Fahrzeugen, deren Konstruktionsdatum um etwa 25 Jahre zurückgeht mit in Größe und Gewicht entsprechenden neuen PKW-Modellen, dann kann beim besten Willen keine ins Auge fallende Verringerung des Verbrauchs festgestellt werden.

Dazu einige Zahlenwerte:

Der BMW 518 gilt als eine unter dem Schatten der Energiekrise des Jahres 1973 entstandene Sparversion mit geringem Treibstoffverbrauch. In Gewicht und Abmessungen entspricht er recht genau seinem Uraltvorgänger BMW 501 der beginnenden fünfziger Jahre, dessen Antriebsmaschine sogar schon etliche Jahre vor Beginn des Zweiten Weltkriegs entstand. In der folgenden Tabelle ist der Treibstoffverbrauch beider Fahrzeuge bei jeweils konstanter Fahrgeschwindigkeit pro hundert Kilometer Fahrtstrecke zusammengestellt. Die Zahlenwerte wurden der Zeitschrift mot und einer alten Ausgabe der Zeitschrift ADAC Motorwelt entnommen.

	60 km/h	80 km/h Liter/100 km	100 km/h
BMW 518 (Bauj. 1974)	8	9,3	10,2
BMW 501 (Bauj. 1953)	8,1	9,0	10,3

Es ist ganz deutlich, daß innerhalb der praktisch am häufigsten vorkommenden Fahrtgeschwindigkeiten keine ins Auge fallende Verringerung des Treibstoffverbrauchs des modernen Fahrzeugs festzustellen ist. Im Gegenteil, zugunsten des alten BMW spricht, daß dieser mit Normalbenzin auskam, während der neue 518 das teurere Superbenzin konsumiert.

Ein ähnliches Ergebnis zeigt ein entsprechender Vergleich des als so schrecklich sparsam gelobten VW-Passat und des in Gewicht und Abmessungen entsprechenden Goliath GP 700 aus dem früheren Borgwardstall.

	60 km/h	80 km/h Liter/100 km	100 km/h
VW-Passat, 55 PS (Bauj. 1974)	5,3	6,0	7,3
Goliath GP 700 (Bauj. 1953)	4,7	5,7	7,4

Hier liegt der Verbrauch des Autoveterans sogar noch deutlich unter dem des neuen Passat.

Weitere Vergleiche des Treibstoffverbrauchs von in Gewicht und Abmessungen ähnlichen Alt- und Neufahrzeugen bei jeweils gleichbleibender Fahrgeschwindigkeit ergeben durchaus ähnliche Ergebnisse.

Man kann deshalb ohne Gefahr der Pauschalierung frank und frei sagen, daß es der PKW-Industrie innerhalb der letzten 25 Jahre nicht gelungen ist, den Treibstoffverbrauch ihrer Produkte merklich zu verringern.

Es könnte nun die Ansicht bestehen, daß die Entwicklung auf dem Gebiet der Verbrennungsmotoren schon in ein solch fortgeschrittenes Stadium gelangt ist, in dem auch großer Einsatz an Mitteln, Wissenschaftlern und Zeit nur noch zu fast unmerklichen Verbesserungen, z. B. auch im Treibstoffverbrauch, führt.

Daß das ganz und gar nicht so ist, zeigt eine Detailentwicklung der jüngsten Zeit. Innerhalb weniger Jahre gelang dem Ingenieurbüro May, bekannt durch die Konstruktion der raschen Turboversionen von Ford Capri und Opel Manta, die Entwicklung eines treibstoffsparenden Zylinderkopfes. Durch die Anordnung einer speziellen Wirbelkammer um das Auslaßventil verbessern sich die Verbrennungsverhältnisse und damit die Benzinausnützung.

Bei einem Test dieser Zylinderkopfform in einem VW-Passat-Variant ergaben sich deutliche Unterschiede zur Serienversion. Einige Testergebnisse sind in folgender Tabelle enthalten:

	60 km/h	80 km/h	100 km/h	140 km/h
	Liter/100 km			
VW-Passat-Variant May-Zylinderkopf 93 PS Höchstgeschwindigkeit 173 km/h	3,8	4,6	5,9	8,9
Serienausführung 85 PS Höchstgeschwindigkeit 168 km/h	5,6	6,3	7,0	10,3

Die Unterschiede im Benzinkonsum zugunsten der May-Version sind beachtenswert. Nebenbei wurden übrigens auch noch Leistung und Fahrgeschwindigkeit erhöht.

Das Ganze ist ein gutes Beispiel mehr dafür, daß das Gegenteil der von der PKW-Industrie so oft beteuerten Dynamik und Entwicklungsfreude wohl richtiger sein muß, wenn sie auf ihrem eigenen Gebiet von kleinen Entwicklungsteams mit vergleichsweise beschränkten Mitteln so deutlich zu schlagen ist.

Schließlich wurde auch der Wankelmotor, der trotz aller Unkenrufe den PKW-Produzenten in aller Welt so wichtig ist, daß sie sich Lizenzrechte gesichert haben, nicht von den angeblich so potenten Entwicklungsabteilungen von Daimler-Benz, BMW, Opel und Ford entwickelt, sondern von einem einzelgängerischen Ingenieur.

Das Gewicht eines PKW ist ein eindeutiges Maß für die Menge an Werkstoff, die man für seine Herstellung benötigt.

Es geht nun das Gerücht um, innerhalb der letzten beiden Jahrzehnte hätten sich durch Einführen der selbsttragenden Karosseriebauweise die Gewichte der PKW wesentlich verringert. In Anlehnung an den Flugzeugbau wird sogar vom »Leichtbau« gesprochen.

Ein vergleichbarer Blick in die Datenlisten von mehr als 20 Jahren alten und neuen Fahrzeugen zeigt deutlich, daß auch hier nichts dahintersteckt.

Bleiben wir bei den schon erwähnten Fahrzeugtypen.

Der 4,73 m lange BMW 501 wog vollgetankt 1285 kg. Der BMW 518 wiegt bei einer Länge von 4,62 m etwa 1255 kg. Der Unterschied beträgt mithin nur 2,33 %. Wenn man berücksichtigt, daß der etwas längere 501 auch etwas mehr wiegen darf, bezieht man also das Baugewicht auf den laufenden Meter Auto, so ergibt sich überhaupt keine Gewichtsersparnis.

Ein Vierteljahrhundert Entwicklungszeit vom BMW 501 zum BMW 518 hat also keine merkliche Gewichtsersparnis gebracht.

Obwohl der alte 501 praktisch nicht mehr wog, als sein Nachfolger, besaß er einen sehr großzügig dimensionierten Rahmen mit weit außen liegenden Längsholmen. Das bedeutete große Rostunempfindlichkeit und Sicherheit bei den sehr häufigen seitlichen Aufprallunfällen.

Beides Probleme, die bisher mit den modernen selbsttragenden Karosserien noch nicht zufriedenstellend gelöst werden konnten.

Bei der Betrachtung der vorerwähnten Fahrzeuge VW Passat und Goliath 700 E zeigen sich ähnliche Ergebnisse:

Der VW-Passat-Variant, Länge 4,19 m, wiegt leer 920 kg. Der Goliath Kombi des Baujahrs 1954, Länge 4,065 m, wog ebenfalls 920 kg. Berücksichtigt man wieder die Fahrzeuglänge, so ergibt sich die geringe Gewichtsersparnis von 3,19 %. Jedoch wurde auch hier die äußerst bescheidene Gewichtsersparnis durch den

Verzicht auf einen stabilen Rahmen, der den Goliath in Form eines sogenannten Zentralrohrrahmens fest und korrosionsbeständig machte, erkauft.

Es gibt genügend andere Beispiele dieser Art. So wird der neue VW-Golf, Länge 3,7 m, Leergewicht 750 kg, gern als Wunder der modernen Leichtbautechnik betrachtet. Wer erinnert sich jedoch schon noch an den letzten Viersitzer von Gutbrod im Jahre 1953, der in der Form dem Golf glich und bei einer Länge von 3,52 m nur 735 kg wog?

Selbstverständlich besaß auch der Gutbrod trotz seines geringen Gewichts im Gegensatz zum VW-Golf einen soliden Rahmen. Auch bei Daimler-Benz haben 25 Jahre PKW-Bau und der Übergang von der Rahmenbauweise zur selbsttragenden Karosserie praktisch keine Gewichtsersparnis gebracht. So wog der alte 220er Mercedes des Jahres 1954 1325 kg. Der damit vergleichbare 200er des Jahres 1974 bringt 1330 kg auf die Waage.

Es ist ganz eindeutig: Ganze 25 Jahre angeblich intensiver, zumindest aber immer teurer werdender Entwicklungsarbeit, in den letzten 10 Jahren unterstützt durch so wesentliche Hilfsmittel wie Digital- und Analogrechner, haben keinen Effekt in der Gewichtsersparnis gezeigt.

Obwohl schwindende Rohstoffreserven und steigende Werkstoffpreise hier zu ganz entscheidenden Veränderungen hätten drängen müssen, wiegt der laufende Meter PKW soviel wie vor zwanzig Jahren.

Auch hier von Verbesserung oder gar Innovation keine Spur. Ideenreichtum ist also nicht gerade die Stärke der PKW-Industrie. Schon deshalb kann sie es sich anscheinend gar nicht leisten, Gedanken an Dinge zu verschwenden, die zwar ihre Produkte betreffen, aber nicht aus dem eigenen Haus stammen.

Dazu nur ein Beispiel: Zu Beginn der sechziger Jahre wurde von den Reifenfirmen der Spikes-Reifen eingeführt. Damit begann ein Großversuch, der den einzelnen Autofahrer und unsere Volkswirtschaft sehr teuer zu stehen kam und schließlich, erst im Frühjahr 1975, mit dem Verbot der Spikes endete. Nach langen dreizehn Jahren der »Erprobung« wurde festgestellt, daß der Nutzen der Spikes-Reifen durch etwas erhöhte Fahrsicherheit bei Eisglätte während weniger Stunden im Jahr in gar keinem Verhältnis zu den während vieler Monate angerichteten Schäden der Straßenoberflächen steht. Schließlich kostete das Ausbessern der Fahrbahnzerstörungen rund 2 Milliarden DM. Das Ergebnis dieses der Allgemeinheit aufgehalsten Großversuchs hätte die PKW-Industrie schon vor der Serienproduktion der Spikes-Reifen mit einigen Tests und Laborversuchen vorwegnehmen können. Was zugegebenermaßen allerdings mehr Umsichtigkeit und verantwortungsbewußte Vorausschau verlangt hätte.

5. Vergleiche mit anderen Industriesparten

Besonders deutlich wird die Unfähigkeit zur Innovation und der sehr mäßige Erfolg bei echten Verbesserungen dann, wenn man die PKW-Industrie hierin mit anderen Industrien vergleicht.

So haben sich in der Elektronikindustrie innerhalb des letzten Vierteljahrhunderts einige bemerkenswerte Wandlungen vollzogen, die eindeutig die Bezeichnung qualitative Verbesserung oder Innovation verdienen. Der »Antrieb« elektronischer Geräte wurde vollständig von der Röhrentechnik auf die Halbleitertechnik, welche Transistoren, Thyristoren und ähnliche Bauelemente benutzt, umgestellt. Nur so wurden erst die heutigen winzigen Radios, Fernseher, Rechner und dergleichen möglich. Und das übrigens zu ständig sinkenden Preisen trotz laufend steigender anderer Kosten.

Die Bedeutung einer solchen Neuerung läßt sich nur mit dem im PKW-Bau nicht stattgefundenen Austausch des bekannten Opa-Antriebs über Kupplung und Schaltgetriebe durch eine völlig neue Antriebstechnik z. B. mittels eines sogenannten hydrostatischen Getriebes vergleichen.

Während derselben Periode wuchs die Kunststoffindustrie fast aus dem Nichts heraus und stellt jetzt eine nahezu unübersehbare Palette von Werkstoffen mit bis vor kurzem noch ungeahnten Eigenschaften samt den zu ihrer Verarbeitung erforderlichen Methoden zur Verfügung. Eine vergleichbare Innovation in der PKW-Produktion wäre etwa das Einführen einer völlig korrosionsbeständigen Karosserie aus verzinkten Eisenblechen, Leichtmetallen und rostfreien Stählen gewesen.

Innerhalb derselben Zeit haben sich die Produkte der Flugzeugindustrie radikal geändert. So wurden nicht nur aus langsamen Propellermaschinen geringer Reichweite und kleiner Transportkapazität bei Schallgeschwindigkeit fliegende Jets großer Ladefähigkeit und großer Reichweite, sondern es wurden auch völlig neue Flugtechniken, z. B. die Drehflügeltechnik der Hubschrauber und die Luftkissenschwebetechnik erforscht, entwickelt und zur Serienreife gebracht.

Um gleichwertige Neuerungen hervorzubringen, hätte die PKW-Industrie zumindest ganz neue, den PKW ergänzende und teilweise ersetzende modernere Verkehrsmittel, wie etwa die noch zu beschreibende vollautomatische Kabinenbahn nicht nur erdenken, sondern auch zur Produktionsreife führen müssen.

Die Fortschritte in der Luftfahrtindustrie der BRD im Vergleich zur PKW-Industrie sind übrigens um so bemerkenswerter, als aus Rücksichtnahme auf die USA unsere Politiker teilweise Entwicklungstendenzen unserer Flugzeugindustrie bremsen, wie das z. B. mit dem in Deutschland fast zur Serienreife gebrachten Senkrechtstarter geschah, während andererseits der PKW-Industrie von denselben Personen in anbetracht eines eventuellen Aneckens bei der automobilbegeisterten Wählerschaft völlig freie Hand bei der Produktion des blühendsten Unsinns gelassen wird.

Man macht der Landwirtschaft gerne den Vorwurf der Traditionsbefangenheit und mangelnder Beweglichkeit. Im Vergleich zu den Entscheidungsgewaltigen der PKW-Industrie sind unsere Bauern jedoch Neuem gegenüber äußerst aufgeschlossen und agil genug, in kurzer Zeit noch vor wenigen Jahren unbekannte Anbau- und Zuchtmethoden einzuführen, während die ersteren zu qualitativen Änderungen in ihrem Bereich nicht fähig waren.

Im Gegensatz zur PKW-Industrie beachtenswerte Fortschritte hat auch die Baumaschinentechnik gemacht. Während z. B. vor 20 Jahren noch umständlich zu bedienende und mit Seilen und Bremsbändern arbeitende Bagger kleiner Leistung üblich waren, werden moderne Bagger mit leicht zu handhabenden hydraulischen Antrieben bewegt. Außerdem hat dieser Markt in kurzer Zeit völlig neue Geräte auf den Markt gebracht, wie etwa selbstfahrende Betonmischgeräte, Betonpumpen, Putzspritzmaschinen und vieles andere mehr.

Auch dem Nichttechniker muß deutlich werden, daß die PKW-Industrie wie eine still ruhende Insel von einem Meer anderer entwicklungsbewegter Industriezweige umgeben ist. Sie läßt sich allerdings durch die um sie herum stattfindende Innovation nicht aus der Ruhe bringen, und so produziert sie eben weiter nach den ihr vor fast einem Jahrhundert gegebenen Konstruktionsrichtlinien und Konzepten . . .

6. Überbewertung bescheidener Verbesserungen

Die in mangelndem Innovationsvermögen sich demonstrierende geringe »geistige« Leistungsfähigkeit der PKW-Branche macht sie zum Familienkretin der Industriegemeinschaft.

So wie bei diesem auch noch so geringfügige Fortschritte seines geistigen und körperlichen Zustands mit Freude aufgenommen werden, so werden auch die unwesentlichsten, naheliegendsten und selbstverständlichsten Verbesserungen, die die PKW-Industrie hervorzubringen vermag, von einer sogenannten Fachpresse überschwenglich gefeiert.

So ist es ganz selbstverständlich, daß irgendein neues Automodell, dessen ganzer Neuheitsgehalt lediglich in einigen etwas anders geformten Blechteilen besteht, den Autojournalisten Anlaß zu seitenlangem Tratsch in »Autozeitschriften« und den entsprechenden Illustriertenseiten gibt.

Aber auch Änderungen am Detail erfreuen sich noch ganz besonderer Aufmerksamkeit.

So etwa der Heckscheibenwischer, der neuerdings bei einigen PKW zu sehen ist. Dabei hätte die so selbstverständliche Überlegung, rasch verschmutzende Heckscheiben in derselben Weise wie Frontscheiben zu reinigen, noch nicht einmal der Erwähnung bedurft.

Verbesserungen an Teilen, die für die Funktion eines PKW wesentlicher sind als die Scheibenwischer, werden jedoch auch überbewertet.

So ist der technisch weniger Vorbelastete gerne geneigt, eine der letzten größeren Verbesserungen im PKW-Bau, nämlich die sogenannte Schräglenkerhinterachse, als das Ergebnis jahrelangen Ringens eines hochqualifizierten Teams um eine Problemlösung zu sehen.

Was keineswegs der Fall ist.

Messungen, relativ einfache theoretische Überlegungen und praktische Erfahrung zeigen, daß eine ganz bestimmte Hinterradstellung und deren Veränderung beim Durchfahren von Kurven und Überrollen von Fahrbahnunebenheiten besser wäre, als die mit den alten Achskonstruktionen Starrachse und Pendelachse erzielbare. Mit dem Einsatz von Grundkenntnissen in Getriebelehre, technischer Mechanik und Maschinenelementen, alles Fächer eines Maschinenbaustudenten im 3. Semester, war es nun wahrhaftig keine Schwierigkeit mehr, auch die dazu erforderliche Achskonstruktion, eben die Schräglenkerachse, zu konstruieren.

Mit welch kleinem tatsächlichen Aufwand gerade die Schräglenkerachse eingeführt wurde, die schon fast zur Normausstattung der Mittelklasse-PKW von Ford, BMW, Mercedes, Volkswagen und Porsche zählt, zeigt sich darin, daß einer der Erstanwender die damals relativ kleine Firma BMW war und nicht eine der Riesenfirmen mit ihren angeblich so effektiven und umfangreichen Entwicklungsabteilungen.

Anders als etwa bei der Erforschung der Krebskrankheit, von der nur die Symptome, nicht aber Ursache, geschweige denn die Heilmittel bekannt sind, stehen dem PKW-Konstrukteur außer der Kenntnis der Anzeichen bestimmter PKW-Krankheiten, zum Beispiel mangelnder Geradeausfahreigenschaften, immer auch die Mittel zur Erfassung der Ursache und der »Heilung« zur Verfügung. Trotz der recht durchschnittlichen ingenieurmäßigen Leistung bei der Einführung der Schräglenkerhinterachse wurde davon aber Aufhebens gemacht, als wäre ein neuer Erdteil entdeckt worden.

Was für die reichlich simplen Überlegungen gilt, die zu dieser Achse geführt haben, gilt in entsprechender Weise für alle anderen Teile unserer herkömmlichen Personenkraftwagen.

Ein Beweis dafür, wie vergleichsweise einfach der gegenwärtige Stand des Ingenieurwissens und der Technologie den PKW-Bau macht, sind die vielen Kleinfirmen, die oft über wenig mehr als ein paar Ingenieure und technische Zeichner verfügen und trotzdem in der Lage sind, PKW zu entwickeln und zu bauen. Und zwar PKW, die es hinsichtlich Leistungsfähigkeit, Fahrsicherheit, Zuverlässigkeit und Komfort mit jedem Produkt der Großen des PKW-Geschäfts aufnehmen können.

Es ist übrigens auffallend, wie häufig die großen PKW-Hersteller auf ihre Anstrengungen um die Weiterentwicklung im PKW-Bau hinweisen. Wie gern sie Auskunft über ihre Testgelände und Einblick in ihre Versuchslabors geben und sich darüber in Informationsbroschüren und Werbung zu verbreiten wissen. Derartige Bemühungen erwecken den Eindruck, als wolle die PKW-Industrie Konstruktion und Fertigung ihrer Produkte als eine so unerhört schwierige und aufwendige Sache darstellen, daß demgegenüber die Vielzahl bekannter Mängel an Großserien-PKW, absichtlich oder nur durch Schlamperei entstanden, sich um so verzeihlicher ausnehmen.

Im Gegensatz zur unterschwellig applizierten Volksmeinung ist PKW-Bau also simple Ingenieursarbeit des Problemerkennens und -lösens mit altbekannten Mitteln.

An dieser Tatsche ändert auch eine in den Patentschriften sich dokumentierende »amtliche« Überbewertung KFZ-technischer Denkleistungen nichts.

So gilt zum Beispiel schon die Anordnung einer Ölleitung an einer PKW-Servolenkung außen am Gehäuse anstelle der Ausführung mit innenliegender Ölleitung als patentfähig. Um es dem Nichttechniker klarzumachen: Diese Idee ist so umwerfend wie die Entscheidung eines Zahnarztes, zuerst den oberen anstelle des unteren zweier zu beseitigender Backenzähne zu ziehen . . .

7. Geringe Effektivität hoher Entwicklungskosten

Die im Vergleich zu anderen Industriepartnern so bedauerlich geringfügigen Verbesserungen im PKW-Bau stehen nun in Zusammenhang mit einem erschreckend hohen Aufwand an finanziellen Mitteln.

Aus verständlichen Gründen lassen sich Zahlen hierzu nur abschätzen. Momentan belaufen sich die Entwicklungskosten eines neuen PKW-Modells bei teilweiser Übernahme der Aggregate vom Vorlaufmodell auf rund 500 Millionen DM. Man kann davon ausgehen, daß die Entwicklungskosten, die ja sehr lohnintensiv sind, ungefähr proportional zur Höhe des mittleren Arbeitnehmereinkommens während der letzten 25 Jahre angestiegen sind.

Berücksichtigt man nur alle in der BRD während dieser Zeitspanne entstandenen Grundmodelle, so hat der »Fortschritt« im PKW-Bau seit 1950 rund 11 Milliarden DM gekostet.

Diesen 11 Milliarden DM stehen nun keineswegs nur Änderungen in Sinne von Verbesserungen gegenüber: Verbessert haben sich seither Fahreigenschaften, Sichtverhältnisse und Fahrleistungen. Gleichgeblieben sind außer dem grundsätzlichen Aufbau der Treibstoffverbrauch, das Fahrzeuggewicht,

Anlaßeigenschaften, Sitzkomfort und Witterungsabhängigkeit. Eher verschlechtert haben sich Lebensdauer und Reparaturaufwand.

Gäbe es eine objektive Bewertungsgrundlage für die genannten Eigenschaften und könnte man die gemachten »Rückschritte« von den »Fortschritten« abziehen, so bliebe nur noch ein kläglicher Rest Gesamtfortschritt übrig, der gegen die 11 Milliarden DM Gesamtaufwand anzukämpfen hätte.

Wie das im Detail aussieht, soll folgendes Beispiel zeigen: Nach der oben aufgemachten Rechnung würden auf die Entwicklung vom bekannten 180 D der Firma Daimler Benz der ersten fünfziger Jahre bis zum 200 D Mitte der siebziger Jahre rund 600 Millionen DM entfallen.

Was wurde nun mit diesen Mitteln an Änderungen bewirkt?

Zumindest nicht sehr viel am äußeren Gesamteindruck des Fahrzeugs. Jeweils breite, niedrige Motorhaube, viertürige Fahrgastzelle, flacher Kofferraum. Sicher hat der 180er kleinere Fenster, aber ein Nichtautofetischist muß da schon genau hingucken, um wesentliche Unterschiede feststellen zu können.

Dann jeweils vorn liegender Motor mit Antrieb der Hinterachse über konventionelle Kupplung mit Schaltgetriebe.

Durch Hubraum- und Drehzahlvergrößerung wurde die Motorleistung von 40 auf 55 PS angehoben. Zur Drehzahlerhöhung wurde die Nockenwelle nach oben gelegt und die Kurbelwelle häufiger gelagert. Das sind alles andere als umwälzende Ideen, sondern altbekannte motortechnische Pflichtübungen.

Bei einer Länge von 4,46 m wog der 180er Diesel 1200 kg; der um zwanzig Jahre jüngere 200er mit einer Länge von 4,68 m wiegt 1330 kg. Auch hier keine ins Auge fallenden Änderungen. Der Austausch der Pendelachse des alten Mercedes gegen die Schräglenkerachse war insofern keine Sensation, als andere Firmen schon einige Jahre vorher diese Änderung vollzogen hatten.

Die Achsschemeleinheit mit der Querlenkeraufhängung der Vorderräder wurde beibehalten.

Aus den Aufprallversuchen ermittelte Erkenntnisse wurden gesammelt, um einzelne Blechteile der Karosserie so anzuordnen, daß die passive Unfallsicherheit vergrößert wurde.

Alles in allem keine umwerfenden Verbesserungen.

Der alte 180er ließ sich nicht wesentlich unbequemer und bei Berücksichtigung der in einem der folgenden Kapitel noch zu treffenden Feststellung, daß eine Erhöhung der Fahrleistungen sich nur ganz unwesentlich als Fahrzeitverringerung auf normalen Strecken durchschlägt, auch nicht merklich langsamer fahren. Und erst recht war der 180er in Zuverlässigkeit, Lebensdauer und Wirtschaftlichkeit dem neuen 200er Diesel von Mercedes nicht unterlegen.

Bei allem Wohlwollen gegenüber der vergleichsweise soliden Werkmannsarbeit der Untertürkheimer muß man auch hier feststellen, daß etliche hundert Millionen DM Entwicklungskosten über einen Zeitraum mehrerer Fahrzeuggenerationen hinweg nicht eben viel gebracht haben.

Was für das Beispiel Daimler Benz erläutert wurde, gilt in analoger Weise für die übrigen PKW-Firmen der BRD.

Die Luftfahrtindustrie geht vergleichsweise sorgfältig mit den ihr zur Verfügung stehenden Mitteln um. So kostete die Entwicklung des MRCA (Multi Roll Combat Aircraft = Vielzweckkampfflugzeug) etwa 4 Milliarden DM. Das entspricht den Entwicklungskosten von nur acht neuen Automodellen. Was vergleichsweise sehr billig ist.

Stecken doch im MRCA Hunderte von neuen Ideen, also tatsächliche Innovationen, die ihm bisher kaum gekannte Eigenschaften verleihen und ihn, politisch geschickte Verkaufstaktik vorausgesetzt, zu einem weltweiten Verkaufsschlager machen können.

Die für die gleichen Kosten zu entwickelnden acht PKW werden dagegen ohne jeden aufregenden Neuerungsgehalt nach den bekannten faden Rezepten gebacken.

8. Sinnlose »Verbesserungen«

Die Betrachtung über die nicht vorhandenen Innovationen und vergleichsweise kümmerlichen Verbesserungen im PKW-Bau wären ohne die Erwähnung einer bestimmten Kategorie von Änderungen, die in schöner Regelmäßigkeit vorgenommen werden, unvollständig.

So waren zum Beispiel innerhalb der letzten 25 Jahre Form, Farbe und Anordnung der Instrumente und der Betätigungsschalter einem ständigen Wechsel ausgesetzt. Um nur eine Spielart zu nennen, wurde die Geschwindigkeitsanzeige einmal als runde Uhr mit farbigem Zifferblatt und verchromtem Zeiger, ein andermal als waagerechtes oder senkrechtes mehrfarbiges Band oder auch mit der stolzen Bezeichnung »Digitalanzeige« als im Gesichtsfeld einer Lupe auftauchenden Zahl ausgeführt.

All das erweckt unter Umständen den Eindruck einer jahrelangen intensiven Suche der Armaturenbrettspezialisten nach der günstigsten Variante der Gestaltung des Instruments und seiner Anordnung.

Man hätte es einfacher haben können. Seit geraumer Zeit nämlich haben Wissenschaftler recht umfangreiche Untersuchungen darüber angestellt, wie Instrumente rasch wechselnder Anzeige gestaltet und plaziert sein müssen, damit sie schnell und sicher abgelesen werden können.

In jedermann zugänglichen Veröffentlichungen sind die Ergebnisse dieser Untersuchung dargestellt. Die PKW-Entwicklungsingenieure hätten diesen schon seit langem entnehmen können, an welcher Stelle des Blickfeldes die wichtigeren Instrumente, z. B. die Geschwindigkeits-, Fernlicht- und Blinkeranzeige und die unwichtigeren, also Öldruckmesser und Pannenblinklicht, vorzusehen sind. Welche Form, Größe und Farbe diese Instrumente haben, in welchem Skalenbereich die am häufigsten vorkommenden Anzeigenwerte liegen müssen und in welche Richtung die Zeiger laufen sollen.

Es wäre unrealistisch, anzunehmen, die verantwortlichen Konstrukteure hätten nicht schon vor Jahren Kenntnis davon gehabt.

Die selbstredend immer voll vom Autokäufer finanzierten und häufig genug auf kitschiges Musikboxstyling absinkenden Varianten der »Instrumentenbrettgestaltung« müssen deshalb, wie eine ganze Reihe ähnlich nutzloser Gestaltungsspielereien, beabsichtigt gewesen sein.

Sie sind eines der vielen Details der geplanten Fehlkonstruktion PKW und eines der Mittel zur Erzeugung von Obsoleszenz, über die noch dataillierter zu sprechen sein wird, und die eine »künstliche« Alterung eines Fahrzeugmodells bewirken.

Und deren großer Vorteil darin besteht, Autotestern ausreichenden Schreibstoff zu liefern.

9. Gefahren einer zur Innovation unfähigen Industrie

Etwa seit dem Jahre 1970 leben wir in einer weltweiten und eindeutig feststellbaren Phase eines massiven konjunkturellen Abschwungs. Ein Großteil dieses Trends geht zu Lasten der PKW-Industrie.

Der Entdecker der sogenannten Innovationstheorie, der Nationalökonom Joseph A. Schumpeter, hat festgestellt, daß die volkswirtschaftlich und seit neuesten Erfahrungen auch weltwirtschaftlich bedeutenden Konjunkturschwankungen auf der unterschiedlichen Dynamik der Innovationen beruhen.

Der fundamentale Antrieb, der die volkswirtschaftliche Maschine in Bewegung setzt und hält, kommt von neuen Produkten und Fertigungsmethoden, neuen Märkten, neuen Formen industrieller Organisation. Jede Überalterung bringt krisenhafte Erscheinungen.

Das läßt sich etwas konkreter beschreiben.

Der schon weiter vorn erwähnte Bäckermeister, dessen Ziel nur rundere, besser durchbackene Brötchen sind, wirkt nicht innovierend. Erst durch die Einführung einer bisher noch nicht bekannten Brezel wirkt der Bäcker innovierend und stimulierend auf die Volkswirtschaft ein. Seine Brezelidee kurbelt die chemische Industrie zur Entwicklung einer speziellen Brezellauge an. Deren Produktion erfordert verfahrenstechnische Einrichtungen, Steuer- und Regelanlagen. Eine Brezelformmaschine muß erfunden und produziert werden. Schließlich wird auch ein neuer, auf Brezeln fein abgestimmter Backofen notwendig sein. Neue Ideen potenzieren also erst den Arbeitskräftebedarf.

Wie schon vorher festgestellt, nimmt die PKW-Industrie innerhalb unserer Volkswirtschaft die Stelle des nicht innovierenden Bäckers ein.

Historisch lassen sich durch Innovation und Neuerung hervorgerufene Schwankungen im volkswirtschaftlichen und weltwirtschaftlichen System feststellen. Der erste große Aufschwung kann in der Zeit von 1780 bis 1815 festgestellt werden; hier fanden technische Innovationen durch die beginnende Industrialisierung statt, die die mittelalterlichen Fertigungsweisen ablösten.

Bis 1842 folgt darauf ein wirtschaftlicher Abstieg, da vorderhand keine wesentliche Neuerung mehr belebte. Der nächste Aufschwung ist von 1843 bis 1873 feststellbar, das ist die Zeit der Innovation durch die große Ära des Eisenbahnbaus. Bis 1897 ging es dann abwärts.

Der dann erfolgte Aufstieg bis 1914 ist der hier einsetzenden umfassenden Elektrifizierung zuzuschreiben. Nach dem darauf mit der Weltwirtschaftskrise folgenden Tief setzte bis 1971 ein weiterer großer Aufschwung ein, der auf die Antriebskräfte Volksmotorisierung, Fernsehen, Computer, Düsenflugzeuge, Kunststoffe zurückzuführen ist.

Der jedoch mit Beginn der siebziger Jahre einsetzende Abwärtstrend ist nach dem Buch von Gerhard Mensch, »Das technologische Patt« kein Zufallsereignis.

Während zu Beginn eines Aufschwungs bahnbrechende Entdeckungen und wirkliche Neuerungen alle Wirtschaftsbereiche beeinflussen und umfangreiche Investitionen und damit kräftiges Wirtschaftswachstum erzeugen und Massenproduktion bewirken, stehen am Anfang eines Abschwungs Stillstand der Entwicklung der Produkte und deren scheinbare Reife und Sättigung des Marktes. Die vordem erfolgsträchtigen Branchen verlieren ihre Eigenschaft als Wachstumsbranche und regen nicht mehr zu Neuinvestionen an. In diesem Stadium befindet sich ohne Zweifel die PKW-Industrie. Aufgrund ihres Umfangs und ihrer krebsartigen Integration in den volkswirtschaftlichen Körper ist ihr Einfluß auf dessen Funktion groß.

Nach Gerhard Mensch mehren sich im Stadium der Innovationsunfähigkeit im Kampf um die Marktanteile und zur Erlangung höherer Preise die Scheininnovationen, so z. B. die bekannten unnützen Modelländerungen der PKW, die keine effektiven oder überhaupt wirklichen Verbesserungen mehr sind. Es kommt zur technischen und wirtschaftlichen Stagnation und infolge der bekannten Preissteigerungen zur gefürchteten Stagflation.

Da in der Zeit des »Booms« kein Anlaß zur Innovation bestand, weil die phantasielosesten PKW-Kreationen wie die warmen Wecken verkauft wurden, unterblieben echte Neuerungen. Die Flucht nach vorn, aus der Krise durch echte Neuerungen, durch Innovation hinaus in den Aufschwung, unterbleibt damit vorläufig.

Das ist genau die momentane Situation der PKW-Industrie, die sich unsere Volkswirtschaft auf die Dauer nicht leisten kann und über die ein zeitweiser Konjunkturaufschwung, herbeigeredet oder durch Ersatzbedarf aufgrund zu kurzer Lebensdauer des Produkts PKW erzeugt, nicht hinwegtäuschen sollte.

Eine nicht zu unterschätzende Gefahr liegt mit Sicherheit darin, daß der PKW durch Vielfalt und Quantität seines Erscheinens überzeugend wirkt. Nach der Überlegung, daß ein Gerät, das so häufig und vielfältig auf dem Markt ist, zwangsläufig auch letztem technischen Stand entsprechen muß, wird ihm von einer Vielzahl von Käufern ein hoher Grad an Reife und Vollkommenheit eingeräumt, der in Wirklichkeit gar nicht existiert.

An der Maßgabe des dem technischen Laien unmittelbar greifbaren technischen Produkts PKW neigt er schließlich dazu, andere technische Erzeugnisse und Systeme zu beurteilen und damit letztlich überzubewerten. Die Ansprüche des Verbrauchers an die Fähigkeit der Technologie werden oder bleiben dadurch gering.

Der Markt stellt sich rasch darauf ein und die so erwachsende Unlust zur Produktinnovation kann zum Anlaß eines volkswirtschaftlichen Kollapses werden.

Ein stichhaltiger Beweis für den so oft überschätzten Gebrauchswert und das große Maß an Irrationalität des PKW spiegelt sich in seinen so stark wechselnden Verkaufserfolgen. Produkte mit hohem Gebrauchswert, deren Anschaffung und Betrieb zur Lebensführung unumgänglich sind, weisen im Gegensatz dazu nur geringe Veränderungen in den Verkaufsziffern auf.

Im Rhythmus ihres stark schwankenden Geschäftsganges nehmen die PKW-Hersteller und die von ihnen abhängigen Firmen Einstellungen und Entlassungen ihrer Arbeitskräfte in großem Stil vor. Beide Vorgänge potenzieren über ihren Regeleffekt die jeweilige wirtschaftliche Situation. Entlassungen verringern zusätzlich die Nachfrage und vergrößern das Konjunkturtief. Einstellungen verstärken zusätzlich den Konjunkturboom mit seinen inflatorischen Begleiterscheinungen.

Darüber hinaus macht der Mechanismus der Sozialleistungen unseres Staates dieses primitive und enghorizontige »hire and fire« zur offen praktizierten Privatisierung der Gewinne und Sozialisierung der Verluste.

10. Verbraucherfeindliche Umsatzschaffungsmethoden

Im Gegensatz zur Elektronikindustrie, die durch die kontinuierliche Entwicklung und das Angebot völlig neuer Produkte – in den letzten Jahren Farbfernsehsysteme, Taschenrecorder, Videoanlagen, Bildplatte, Quadrophonie, Taschenrechner usw. – den Käufer zur Geldausgabe bewegen kann, ist die PKW-Industrie nicht in der Lage, auf die elegante und verbraucherfreundliche Weise der Produktinnovation Umsatz zu machen.

Sie scheint sich deshalb anderer Methoden zur Umsatzbelebung bedienen zu müssen, um am Leben bleiben zu können.

Eine dieser Methoden läßt sich folgendermaßen beschreiben: Jede kontinuierliche Entwicklung eines technischen Gerätes hat zum Ziel, die Anzahl der verwendeten Einzelteile zu reduzieren. Dadurch werden nicht nur die Herstellungskosten sowie der Verkaufspreis gesenkt. Wie neuere Veröffentlichungen aufzeigen, wirkt sich die Beschränkung in der Anzahl der Teile auch in Form einer vergrößerten Betriebssicherheit des Geräts aus. Ganz einfach, weil ein nicht vorhandenes Teil auch nicht versagen kann. Von solchen Überlegungen oder gar konstruktiven Konsequenzen ist der PKW-Bau weit entfernt. Im Gegenteil, man versucht hier, die Summe der Einzelteile noch zu erhöhen, natürlich mit dem Aspekt der Umsatzbelebung schon beim Neuverkauf und dann durch späteren Verschleiß. So würde zum Beispiel ein in vernünftigem Rahmen aufgelegter PKW weder Servolenkung noch Servobremsen verlangen.

Eine andere Methode der Umsatzerhöhung deutet sich im so vorsorglich erscheinenden Anbringen von Knautschzonen in Bug und Heck eines PKW an. Diese sind nämlich keineswegs so unbestritten nur positiv zu werten, wie es uns die PKW-Industrie in Prospekten und Anzeigen glauben machen will. Nach deren Vorstellung haben Knautschzonen folgende Funktion: Beim Aufprall auf ein Hindernis verformen sich diese »weichen« Bereiche und bremsen das Fahrzeug etwas sanfter ab, als das bei starrer, nicht verformungsfähiger Karosserie der Fall wäre. Die auf die Insassen wirkende Verzögerung wird etwas geringer, der Grad der möglichen Verletzungen kleiner.

Der Sicherheitschef von General Motors, Lundstrom, ist hier nun ganz anderer Meinung. Seiner Ansicht nach sind Knautschzonen in den meisten Fällen unwirksam, weil die gar nicht oder nur mangelhaft angeschnallten Insassen auf jeden Fall nach dem Aufprall gegen die Innenraumwandungen geschleudert werden, gleichgültig, ob vorher geknautscht wurde oder nicht.

Der Sicherheit der Insassen zuträglicher wären auf jeden Fall noch bessere Anschnallvorrichtungen mit größeren Dehnwegen der Gurte.

Es liegt deshalb der keineswegs unbegründete Verdacht nahe, daß die PKW-Industrie die sehr häufig unwirksamen Knautschzonen unter dem Vorwand der passisven Sicherheit anbringt, in Wirklichkeit aber weichere und damit auch bei geringem und ungefährlichem Aufprall zerstörte Karosserien mit hohem Instandsetzungsaufwand verkaufen möchte.

Weitere Methoden können zusammengefaßt mit Obsoleszenz bezeichnet werden. Obsoleszenz heißt nichts anderes als Abnutzung, Veraltung, außer Gebrauch kommen und kann planmäßig betrieben werden.

Qualitative Obsoleszenz hat das Versagen eines Erzeugnisses durch Verschleiß, Korrosion und geringe Festigkeit innerhalb einer bestimmten Zeit zum Ziel. Das Produkt ist mit einer dem Stand der Technologie nicht mehr entsprechenden zu geringen Lebensdauer ausgestattet und erfordert einen hohen Erhaltungsaufwand.

Um es zu präzisieren: Die PKW des Baujahrs 1965 werden momentan nicht deshalb verschrottet, weil sie den PKW-Modellen des Jahres 1975 in ihren Eigenschaften heftig nachstehen, sondern weil sie trotz intensiver Pflege und kostspieliger Wartung unrettbar zerrostet und verschlissen sind.

Ein Großteil des Verkaufserfolges der PKW-Industrie beruht deshalb eindeutig weniger auf überzeugenden Ingenieurleistungen, als vielmehr auf Pfusch in der Konstruktion und Schlampigkeit in der Fertigung.

Schon bevor das große Halali für die PKW-Strecke auf dem Schrottplatz geblasen wird, machen sich in äußerst lästiger Weise die Anzeichen einer viel zu gering bemessenen Lebensdauer bemerkbar.

Wenn schon nicht während, dann mit Sicherheit doch nach Ablauf der kurzen Garantiezeiten ist fast ständig irgend etwas überholungs- oder ersatzbedürftig. Beachtenswert dabei ist, daß die PKW-Industrie ihre in mangelnder Fähigkeit zur Innovation sich demonstrierende geringe »Intelligenz« keineswegs unbedingt durch vermehrten Fleiß in der konsequenten Verbesserung des schon Bestehenden kompensiert. Wäre das der Fall, dann dürften der PKW-Industrie die Vielzahl von Mängel und Fehlern in Ausführung und Konstruktion ihrer alltäglichen Produkte nicht mehr in jetzigem Ausmaß unterlaufen.

In schöner und leider nicht endenwollender Regelmäßigkeit werden dem Verbraucher mit neuen Modellen und Typen nämlich immer wieder dieselben Unzulänglichkeiten zugemutet. So scheinen PKW-Hersteller trotz ihrer angeblichen Bemühungen folgender kleinen Auswahl primitivster Mängel immer noch nicht Herr geworden zu sein:

Undichte Motor- und Getriebegehäuse und Wellenlagerungen, sich selbst verstellende Achseinstellwerte, ungleich ziehende Bremsen, rupfende Kupplungen, schlechte Getriebesynchronisation, schwammige oder hakende Getriebebetätigung, undichte Wasserpumpen, ausschlagende Radaufhängungen und Antriebsgelenke, unpräziser Geradeauslauf und vor allem überall und immer wieder Rost, Korrosion.

Als besonders unverzeihlich sollten dabei vom Käufer solche Mängel betrachtet werden, die den Entwicklungsabteilungen der PKW-Firmen schon vor Beginn der Großserien bekannt sein müssen und trotzdem nicht abgestellt wurden.

So litten die Ford-Consul-Modelle einer bestimmten Produktionszeit unter heftiger Lenkradunruhe bei Fahrgeschwindigkeiten im Bereich von 80 km/h. Und der Treibstoffverbrauch der ersten VW 1302-Typen überstieg bei weitem das ihren Fahrleistungen entsprechende Maß.

Es gibt zahllose Beispiele dieser Art, von denen einige in jüngster Zeit zu Rückrufaktionen führten, weil die festgestellten Mängel zu Unfällen führten oder Unfälle hätten verursachen können.

Selbstverständlich tauchen solche Schwierigkeiten nicht zusammen und nicht an jedem Modell in gleicher Weise auf. Aber gerade das bestätigt die Nachlässigkeit in Konstruktion und Fertigung so mancher PKW. Hierin dokumentiert sich nämlich die Unfähigkeit oder Interesselosigkeit, vielleicht auch die gezielte Absicht, die gelungene Detailausführung, z. B. eine mit Sicherheit dichte Wasserpumpe des einen Modells auch auf das andere Modell, den anderen Typ oder auch auf die andere Marke zu übertragen, um im Laufe nicht zu langer Zeit die positiven Eigenschaften zu kumulieren.

Die regelmäßig vom ADAC dem reparaturanfälligsten Modell verliehene »Silberne Zitrone« bestätigt diese Tatsache überzeugend.

Die silberne Zitrone des Jahres 1974 bekam ein dreisitziger Sportwagen Matra-Simca-Baghera. Die Qualität seiner Ausführung schien seiner anspruchsvollen Bezeichnung nicht zu entsprechen. Ein Fahrzeug dieses 14000,– DM teuren Typs verbrachte immerhin drei von zehn Monaten seines Bestehens in der Werkstatt. Die 1,15 Meter lange Liste der Beanstandungen beginnt mit der fehlenden Bedienungsanleitung. Es geht dann mit fehlenden Befestigungsnieten weiter, ergänzt durch falsch abgedichtete Trennfugen, einem Riß in der teuren Karosserie, dem Verlust der Antriebswelle, einem gerissenen Gaszug, kaputten Scheinwerfern, Wasser im Innenraum, stotterndem Motor, einer sich selbständig machenden Bodenwelle, einer sich lockernden Ölablaßschraube und schließlich einem Kolbenfresser.

Am Schluß konnte der Besitzer sein teures Fahrzeug nur noch abmelden und stillegen.

Der seiner angeblich so sorgfältigen Fertigungsprüfung wegen oft gepriesene VW-Konzern kam im selben Jahr nur ganz knapp an der »Silbernen Zitrone« vorbei. Bei VW-Neuwagen wurde unter anderem festgestellt: ein abbrechender Auspuff, ein falscher Reifen auf dem Reserverad, eine nicht befestigte Automatikrolle eines Sicherheitsgurtes, eine nicht angeschlossene Tankuhr, falsche Türschlösser. Bei einem neuen Käfer spielte die Elektronik verrückt: wurde der Blinker eingeschaltet, brannte das Bremslicht; bremste der Fahrer, dann ging der Blinker zwar aus, dafür das Standlicht aber an.

Psychologische Obsoleszenz ist das andere große Geheimnis des Verkaufserfolges der PKW-Hersteller und hat zum Ziel, ein noch gut funktionierendes Produkt als überholt und verschlissen zu betrachten, weil es auch Modegründen oder wegen anderer geringer Veränderungen weniger begehrenswert erscheint.

»Styling« beinhaltet die Taktiken der psychologischen Obsoleszenz.

11. Das Styling

PKW-Modelle werden in ähnlicher Weise entworfen, wie Kleider von Stoffkünstlern kreiert werden. Nur stehen anstelle der Namen von Jacques Fath, Dior, Schubert usw. solche wie Giugiaro (verantwortlich für Golf und Scirocco von VW), Uwe Bahnsen (Ford), Henry Haga (Opel) und Anatole C. Lapine (Porsche).

Diesen kommt im wesentlichen die Aufgabe zu, das Äußere des Autos verkaufsträchtig hinzubiegen und eine bestimmte Käuferschicht dadurch zum Neukauf anzuregen.

Es wäre verfehlt anzunehmen, die Stylisten würden einen PKW-Typ von Modellwechsel zu Modellwechsel im landläufigen Sinne »schöner« gestalten. Wer sich nämlich die Mühe macht, entsprechende Literatur daraufhin durchzuforsten, wird feststellen müssen, daß es keinen wohldefinierten Begriff »schönes Auto« gibt. Wenn es nun schon kein »schönes Auto« gibt, dann kann es logischerweise auch kein »schöneres« geben. Inhalt des Schaffens der Stylisten kann somit keine Potenzierung der »Schönheit« eines PKW sein; es ist im Grunde genommen vermutlich viel simpler:

Aufgabe der Stylisten ist es vielmehr, dem Produkt PKW eine von mal zu mal andere Form zu geben. Unkritische, schlichte Gemüter werden diese immer anziehender, begehrenswerter finden als die ältere, gewohnte und zur Alltäglichkeit gewordene. In dieser Methode der im Grunde genommen funktionell oft völlig sinnlosen Modelländerungen – kleinere Retuschen werden in Fachkreisen neckischerweise gern mit »Facelifting« bezeichnet –, steckt schon ein Gutteil praktizierter psychologischer Obsoleszenz.

Die Kunst eines guten Stylisten besteht vor allem darin, mit den Mitteln der Änderung sorgfältig umzugehen.

So dürfen Ausmaß und Anzahl der vorgenommenen Änderungen, selbst dann, wenn Sinn dahinterstecken würde, nicht zu umfangreich sein. Das könnte die Aufnahmefähigkeit für Neues, die bei den auf Stylistenmethoden ansprechenden Gemütern nicht sehr ausgeprägt sein kann, überbeanspruchen und die Betroffenen schocken, was letztlich die Kauflust empfindlich dämpfen würde.

Andererseits muß die Summe der Änderungen eine gewisse Höhe erreichen und eine Reizschwelle überschreiten, um von der marktstrategisch anvisierten Zielgruppe erst wahrgenommen zu werden.

Auf jeden Fall also muß das neue Modell in seiner Formgebung in einen mit »schick« zu bezeichnenden Rahmen passen. Extravagantes oder gar Revolutionäres, auch im besten positiven Sinn, kommt nach Auffassung der Stylisten nicht an.

Um das an einem Beispiel zu erläutern: Als die bisherigen runden und ihrer Funktion voll gerecht werdenden Scheinwerfer von den Stylisten als weiteres Betätigungsfeld entdeckt wurden, mußten sie selbstredend abgeändert werden.

Aus ihnen nun aber ein breites, quer sich über den ganzen Bug ziehendes Leuchtenband, vergleichbar dem der Tatra-PKW zu machen, wäre zu außergewöhnlich gewesen, um vom durchschnittlichen Autopublikum verkraftet zu werden. Andererseits hätten nur leicht oval geformte Scheinwerferöffnungen nur einen mäßigen, die Aufmerksamkeit gar nicht erst erreichenden Effekt gehabt.

So blieb nur die gegenwärtig gern praktizierte Methode der breiten Scheinwerferöffnungen, der sogenannten Breitbandleuchten, oder Doppelscheinwerfer als Kompromißlösung übrig.

In durchaus ähnlicher Weise werden Details des Fahrzeugbaus zum jeweiligen Modellwechsel hin »überarbeitet«. Wobei für die Öffentlichkeit fast schon im selben Maße wie die PKW-Produzenten selbstverständlich ist, daß der in kurzen Zeitabständen erfolgende Modellwechsel hauptsächlich Mittel zur Marktbelebung und nur in verschwindend kleinem Ausmaß als Vorgang zu betrachten ist, bei dem der Verbraucherschaft die Früchte technologischer Evolution zur Verfügung gestellt werden.

Das »gute« Arbeitsergebnis eines Stylisten beinhaltet jedoch auch sogenannte qualitative Obsoleszenz, die nach V. Packard das geplante Verschleißen, Versagen oder Abnutzen eines Erzeugnisses meint.

Nahezu alle gegenwärtig gebauten PKW besitzen ihre größte Breite knapp unterhalb der sogenannten Gürtellinie. Gerade in diesem Flankenbereich ist aber der Aufbau der Karosserie am weichsten, da kein funktioneller Grund zu einer Versteifung durch Holme oder Träger an dieser Stelle besteht. Andererseits sind gerade die Längsseiten eines PKW Beschädigungen gegenüber exponiert, die auf keineswegs unfallähnliche Vorgänge zurückzuführen sind. Es genügt schon geringfügiges Schrammen an einem Hindernis oder auch nur eine hart dagegenschlagende Tür des daneben parkenden PKW, um hier Beulen einzudrükken. Das wäre nun weniger tragisch, wenn diese Verunzierung sich leicht beseitigen ließe. Da jedoch in diesem Bereich die Karosserie doppelwandig ist, kann in den meisten Fällen das beschädigte Blech nicht einfach von hinten ausgebeult werden.

Vielmehr sind dann kostspielige Zusatzarbeiten erforderlich, etwa die Demontage der Türen samt ihrer Fensterhebevorrichtungen oder auch das Abnehmen und Wiederanbringen von Kotflügeln.

Auch die auf das mechanische Wiederherrichten der Seitenflächen folgenden Lackierarbeiten werden umfangreich und damit natürlich teuer. Die zu bearbeitenden Teile, also Türen, hinterer und vorderer Kotflügel, sind großflächig und können der besseren Farbangleichung wegen nicht immer teillackiert werden.

Die im gefährdeten Bereich oft angebrachte Chromleiste hat nur optische Bedeutung, da sie zu dünn und deshalb nicht in der Lage ist, das darunter liegende Blech vor der Beschädigung zu schützen.

Als wahrhaft lächerliche Attribute können die unter den Türen auf den Türschwellen oder Einstiegsblechen angebrachten Chromleisten oder Gummischeuerleisten betrachtet werden, da sie außerhalb der Gefahrenzone liegen und deshalb keinen seitlichen Flankenschutz übernehmen können.

Auch die an Bug und Heck eines PKW angebrachten Stoßstangen haben bis auf wenige Ausnahmefälle nichts mit der in ihrem Namen steckenden Bedeutung zu tun.

Noch vor 25 Jahren allerdings waren die meisten PKW-Konstrukteure der Ansicht, daß die empfindlichen PKW-Aufbauten zumindest bei kleinen Aufprallgeschwindigkeiten, wenn schon nicht von der Seite her, dann doch von vorn und hinten geschützt sein sollten.

Sie entwickelten teilweise Stoßstangen, die einen geringen Aufprall federnd oder durch gezielte Verformung aufnehmen konnten, bevor das dahinterliegende teure Blech beschädigt wurde. Schon beim alten Borgward 1500 des Baujahres 1950 waren beide Überlegungen in einer Konstruktion zusammengefaßt. Ein leichter Stoß verformte zuerst elastisch die Laschen, an denen die stabilen Stoßstangen aufgehängt waren, ein etwas kräftigerer Stoß verschob die Laschen in ihrer mit Langlöchern versehenen Verschraubung mit dem Fahrgestell. Die Reibung in der Verschraubung vermochte Stoßenergie aufzunehmen und in ungefährliche Wärmeenergie umzusetzen. Da das Karosserieblech nur bis zur Oberkante der Stoßstange herabreichte, konnte die Stoßstange bis etwa zu 10 Zentimetern verschoben werden, ohne die Fahrzeugoberfläche im Mitleidenschaft zu ziehen. Nach dem Aufprall wurde die Verschraubung geöffnet, die Stoßstange wieder in ihre übliche ursprüngliche Lage gebracht und fest verschraubt. Ein harmloser Aufprall lief praktisch kostenfrei ab.

Von derartigen verbraucherfreundlichen Überlegungen ist beim Normalfall gegenwärtiger Stoßstangenkonstruktion nichts mehr zu sehen. Sie sind fast durchweg nur noch Gestaltungselement und Spielwiese der Stylisten. Fast durch die Bank bestehen sie aus dünnem, leicht verformbarem Blech, das nicht in der Lage ist, auch nur geringe Stöße ohne Beschädigung zu ertragen. Darüber hinaus sind sie an schwächlichen Laschen und möglichst dicht vor dem Karosserieblech aufgehängt. Der geringste Aufprall drückt nicht nur die Stoßstange ein, sondern diese auch noch gegen die teuer lackierte Blechoberfläche. Ein harmloser Bumser, der bei einem PKW-Veteranen sozusagen gebührenfrei abgelaufen wäre, erfordert nicht nur den Ersatz einer Stoßstange, sondern auch oft eine kostspielige Karosseriereparatur.

Es wäre mithin vernünftiger, auf die als »Stoßstangen« bezeichneten verchromten Zierbleche ganz zu verzichten, weil im Ernstfall die Ausbesserungskosten wenigstens um den Preis der Stoßstange reduziert wären.

Wie wenig ernst die Stoßstangen im Sinne einer Schutzvorrichtung von der PKW-Industrie selbst verstanden werden, geht aus zwei weiteren Einzelheiten hervor. Es gibt Fahrzeuge der Kleinwagenklasse, bei denen die Stoßstange direkt auf der Blechoberfläche der Karosserie verschraubt sind und somit jeden Stoß direkt und ohne Umstände als Verformung in die Karosserie weitergeben können.

Weiter gibt es PKW-Typen, deren Blinkleuchten in die vordere Stoßstange eingebaut sind. Ein Aufprall, der so geringfügig ist, daß er sogar noch von schwach ausgeführten Stoßstangen aufgenommen würde, kann bei dieser Ausführung das Glas der Blinkleuchte, wenn nicht sogar deren Gehäuse, zerstören. Beides teure Teile, wobei noch besonders erschwerend hinzukommt, daß der durch die unsinnige Anordnung direkt herausgeforderte zeitweilige Ausfall der Blinkleuchte verkehrsgefährdend wirkt.

In Anbetracht der geringen Wirksamkeit modern gestylter Stoßstangen ist es im Grunde genommen eigentlich fast gleichgültig, daß die PKW-Produzenten sich innerhalb der letzten 80 Jahre immer noch nicht auf ein einheitliches Maß der Stoßstangenhöhe einigen konnten. Kostet doch aufgrund deren mangelnder Wirksamkeit eine unsanfte Berührung zwischen zwei

Stoßstangen nahezu das gleiche wie die zwischen Stoßstange des einen und teurem Blechkleid des anderen Aufprallpartners.

Trotzdem, wer vorgibt, Stoßstangen als schützendes und nicht nur schmückendes Teil zu konzipieren, sollte darauf achten, daß wenigstens alle Modelle eines Produzenten ihre Stoßstangen in gleicher Höhe tragen. Simples Nachmessen zeigt, daß das bei einer Reihe von PKW-Herstellern nicht der Fall ist.

Die PKW-Industrie hat mit Erfolg den meisten Verbrauchern die Vorstellung andressiert, daß die Oberfläche eines PKW mit einer Schicht spiegelglatten Lackes überzogen sein muß. Im Gegensatz jedoch zu der Oberfläche eines Hochleistungsflugzeugs, wo die Güte der Oberfläche Geschwindigkeit und Reichweite vergrößert, hat sie beim PKW keinerlei Funktion. Sie verringert noch nicht einmal merklich den Luftwiderstand, den man viel einfacher und gleichzeitig kostensparend durch Weglassen unsinnigen Chromzierrats senken könnte. Die spiegelnde Ausführung der Lackierung dient noch nicht einmal in erster Linie dem Schutz des darunterliegenden Bleches vor Rost. Das ließe sich mit matter Lackierung, einem aufgeklebten Folienüberzug, einer Kunststoffbeschichtung, einem Zinküberzug oder durch von vornherein rostunempfindliche Bleche aus rostfreiem Stahl oder Aluminium genauso gut machen.

Die traditionelle Lackierung verlangt kostspielige und teilweise unweltgefährdende Fertigungsverfahren; im Reparaturfall ist sie Anlaß zu hohen Kosten. Vor allem aber ist sie hochempfindlich. Auffliegende Steine, vorbeistreifende Zweige, sogar die Waschbürste rufen nicht mehr zu beseitigende Beschädigungen in Form von mehr oder weniger tiefen Kratzern hervor. Aggressive Luftbestandteile nagen ebenfalls an ihrer Substanz. Und die Vorstellung, durch Polieren oberflächliche Schäden ausbessern zu können, ist so falsch wie die Methode, die Schnittverletzung eines Fingers durch dessen Amputation zu beheben. Schließlich wird bei jedem Polieren Lacksubstanz bis auf den Grund der zu beseitigenden Kratzer abgetragen.

Selbstverständlich muß eine so empfindliche Sache wie die Lackoberfläche eines PKW entsprechend gepflegt werden. Ganze Regalbretter, wohlgefüllt mit Tiegeln, Fläschchen und Spraydosen, ganz ähnlich den Schönheitsmitteln im Boudoir einer alternden Filmschauspielerin, dienen nicht nur dem Autofan, sondern auch ganz einfach jedem, der um den Werterhalt seines teueren Gefährtes besorgt sein muß, dazu, Teerspritzer zu entfernen, den Lack zu reinigen, zu polieren und zu konservieren. Simples Waschen oder Abstauben genügt nicht. Gemessen an diesem unbedingt erforderlichen Pflegeaufwand, hat die PKW-Lackierung höchstens das technologische Niveau des Parkettbodens barocker, unter Denkmalschutz stehender Schlösser erreicht. Auch dessen Pflege erforderte schon vor einigen Jahrhunderten emsiges Reinigen, Wachsen und Polieren.

Alles in allem ist die von der PKW-Industrie zur Tradition beschworene Lackiertechnik am PKW völlig widersinnig: Der Lacküberzug, der eigentlich die Aufgabe hätte, die Blechhaut des PKW-Aufbaus vor Rost zu schützen und pflegeleicht zu gestalten, erfordert für sich selbst schon intensiven Schutz und aufwendige Behandlung zu seiner Erhaltung.

Was also soll die glänzende Pracht? Da auch den PKW-Herstellern Funktionslosigkeit, Nachteile und Alternativen dazu bekannt sein müssen, kann dahinter nur System stecken: nichts anderes als die Methode der qualitativen Obsoleszenz, die auch schon zu den vorhin erwähnten leicht verletzlichen PKW-Flanken und den nur als Zierat dienenden Stoßstangen führt.

In Anbetracht der vielen Möglichkeiten, einen robusten, langlebigen und weniger leicht zu ramponierenden PKW-Aufbau zu konzipieren, muß der Schluß gezogen werden, daß die so außergewöhnlich empfindliche Beschaffenheit des Äußeren der gegenwärtigen PKW, die überhaupt nicht auf die rohe Beanspruchung im dichten Verkehrsgewühl abgestimmt ist, voll beabsichtigt ist und auch weiterhin propagiert werden wird.

Mechanische und chemische Einflüsse während des Betriebes rufen schon nach kurzer Zeit deutliche Abnutzungsspuren an der leicht verletzlichen Oberfläche eines PKW hervor.

Matter, zerkratzter Lack, Rostspuren, eingedrückte Seitenflächen, verbogene Stoßstangen usw. sind unübersehbare Anzeichen für das zunehmende Alter eines Fahrzeugs.

Daraus zieht die PKW-Industrie gleich mehrfachen Gewinn. So ist es nur natürlich, sich besonders in geordneter und gepflegter Umgebung wohl zu fühlen. Dieser entspricht aber das verlotterte Aussehen eines rascher als eigentlich notwendig alternden PKW nicht mehr. Es drängt den PKW-Besitzer geradezu, die altgewordene Blechhaut abzustreifen und in eine neue zu schlüpfen. Und so entschließt sich manch einer eher zum Neuwagenkauf, als es eigentlich die ganz selbstverständlich neben dem nachlassenden Aussehen einhergehende und ebenfalls unnötig rasch ablaufende Agonie der mechanischen Teile erfordern würde.

Potenziert wird die Kaufmotivation durch die Erfahrung, daß das äußere Wiederherrichtenlassen des PKW durch Ausbeulen, Spachteln, Lackieren, Anbringen von neuen Stoßstangen und dergleichen eine oft seinen Zeitwert überschreitende Summe erfordern würde.

Absichtlich empfindlich gestaltetes Äußeres, dessen Auffrischen schon nach kurzer Gebrauchszeit notwendig und dann unverhältnismäßig teuer wird, hebt also ganz eindeutig das Neuwagengeschäft.

Es belebt aber auch noch zusätzlich das Ersatzteilgeschäft.

Der mit deutlichen Spuren vom Zahn der Zeit gezeichnete vier- bis fünfjährige PKW ist immerhin noch nicht so heruntergekommen, daß er unrettbar dem Schrottplatz anheimfallen müßte. Er gerät deshalb jetzt erst noch in die Hände der Gebrauchtwagenkäufer, oft gewiegte Bastlertypen, die ihn mehr der Not, denn dem eigenen Triebe gehorchend mit teuren Ersatzteilen und etlichen Kilogramm Originallack wieder aufmöbeln.

Sie ruhen nicht eher, als bis so um das zehnte Lebensjahr herum der TÜV das endgültige Aus für die Karre pfeift.

Die Taten der Stylisten, die für die äußere Aufmachung eines PKW und mithin für deren Nachteile, von denen nur einige hier aufgezählt wurden, verantwortlich zeichnen, sind also so verbraucherfreundlich gerade nicht. Und es wäre zuviel Entgegenkommen, würde man den Stylisten wenigstens besondere Verdienste um das Entwickeln funktioneller Karosserieformen attestieren. Zum Beispiel ist das momentan so beliebte, weil das Raumangebot besser nutzbar machende Schrägheck der Typen Golf, Polo, Fiat 127 usw. so neu gar nicht.

Schon vor mehr als 23 Jahren wurde nämlich der Gutbrod Superior auf der Automobilausstellung 1953 als Viersitzer in Schrägheckversion angeboten. Damaliger Kommentar der »Fachpresse«: »Der Zweisitzer gefällt uns besser.« Diese Äußerung ist bezeichnend für eine Vielzahl von Autojournalisten, die weder damals noch heute zukunftsweisende Ideen als solche zu erkennen oder zu propagieren vermochten und sich auf läppische Kommentare beschränkten.

Selbstverständlich verstärkt die ohne Zweifel gekonnte Verwirklichung psychologischer und qualitativer Obsoleszenz auch beim sogenannten »Styling« von Autokarossen wiederum den Eindruck von der wohlgeplanten Fehlkonstruktion PKW.

12. Zu geringe Lebensdauer

Die durchschnittliche Lebensdauer eines in den frühen fünfziger Jahren gebauten PKW lag bei etwas mehr als 14 Jahren.

Ein PKW, der um 1960 bis 1965 gebaut wurde, erreichte noch nicht einmal mehr eine Lebensdauer von 10 Jahren und alle Anzeichen deuten darauf hin, daß die Lebenserwartung später gebauter Autos sicher nicht höher sein wird.

Die geringe Haltbarkeit sogenannter moderner PKW ist um so bemerkenswerter, als eine Reihe von Umständen eigentlich lebensdauererhöhend wirken müßten. So haben sich die vom durchschnittlichen Fahrer zurückgelegten Fahrstrecken pro Jahr ständig verringert. Die Fahrbahnen wurden erheblich verbessert und schonen das Fahrzeug. Es wurden bessere Fette und Öle entwickelt, die den Verschleiß erheblich verringern sollen. Aus dunklen Hinterhofwerkstätten wurden blitzblanke respektable Wartungs- und Ersatzteilaustauschzentren mit vielversprechend angepriesenen Diagnosecomputern.

Und schließlich hätte die PKW-Industrie 20 Jahre Zeit und die auch sie befruchtenden Erkenntnisse benachbarter Wissensgebiete zur Verfügung gehabt, um die Lebensdauer und Zuverlässigkeit ihrer Produkte auf ein Mehrfaches zu steigern.

Wir sind aber im Gegenteil weiter denn je davon entfernt, irgendeinen Personenkraftwagen für die nächsten zwanzig Jahre kaufen und ihn auch innerhalb dieses Zeitraums ohne wesentliche Reparaturen über eine Strecke von 300000 km benutzen zu können.

Jedoch hat die PKW-Industrie den Autofahrer schon zu sehr an die Vorstellung von Rost, Verschleiß, damit unabdingbar entstehende teure Reparaturkosten und an eine geringe Lebenserwartung seines modernen Wagens von wenig mehr als neun Jahren gewöhnt, als daß ihm solche Zahlen überhaupt noch als realisierbar erscheinen könnten.

Und trotzdem gestattet es der heutige technologische Standard ohne jede Frage, Personenkraftwagen mit der oben beschriebenen Haltbarkeit und ohne ins Gewicht fallende Verteuerung auf das Band zu legen.

Man kann sogar ohne sonderliche Übertreibung behaupten, daß die PKW-Industrie mit gewissen Schwierigkeiten zu kämpfen hat, die Erkenntnisse der modernen technischen Wissenschaften weit von sich zu halten, um nicht versehentlich ein

Langzeitauto zu produzieren.

So wird ganz selbstverständlich ein Lastkraftwagen oder ein Omnibus auf eine Lebensdauer von vielen hundertausend Kilometern angelegt. Rentabilitätsbetrachtungen des Unternehmers schließen dabei während dieser Fahrstrecke teure Reparaturen und Stillstandzeiten fast ganz aus. Es gibt Omnibusse großer Fuhrparks, die Laufleistungen von 2 Millionen Kilometern erreicht haben und noch in Betrieb sind. Dabei ist ein Omnibus oder ein Lastkraftwagen konstruktiv nicht so weit vom PKW entfernt, als daß die hier nützlichen und lebensverlängernden Eigenschaften nicht auch dort mit Erfolg angewendet werden könnten.

Es gibt darüber hinaus eine ganze Reihe von früheren Automodellen, Mercedes 170 D, 180 D, BMW 501 und vor allem die VW-Käfer mit den 30 PS-Motoren, alle aus den Anfängen der Autoproduktion der frühen fünfziger Jahre, die immer noch ihren Dienst verrichten.

Der Verfasser selbst besaß einen Mercedes 170 SD, der von 1953 bis 1971 zugelassen war, sehr heftig in Anspruch genommen wurde, zuletzt 375 000 km auf dem Buckel hatte und immer noch lief.

Der Silberschmiedemeister Otto Weymann aus Fuldatal besitzt und fährt einen VW-Käfer, Baujahr 1949, der bis jetzt 526 000 km gefahren ist. Dazu benötigte er ein einziges Getriebe; der erste Motor schaffte bis zur Überholung 280 000 km, der zweite 210 000 km, der dritte Motor hat als junger Springinsfeld erst 36 000 km hinter sich.

In den USA sind noch 450 VW-Käfer der Baujahre 1945 bis 1952 ständig in Betrieb. Würden keine Zweifel darüber bestehen, daß die KFZ-Ingenieure auch jetzt noch jederzeit in der Lage wären, moderne PKW-Modelle haltbarer und zuverlässiger zu bauen, dann müßte man ihnen empfehlen, diese alten Fahrzeuge auf ihre lebensdauerverlängernden Konstruktionsmerkmale hin zu untersuchen und daraus zu lernen.

Es hält sich nun erstaunlicherweise das Gerücht, daß der moderne Autofahrer Lebensdauer und Zuverlässigkeit nicht mehr so zu schätzen wisse, wie die Generationen vor ihm. Da er sowieso gerne öfters einmal ein neues Modell fahre, sei es unnötig, teure Entwicklungsarbeit zugunsten eines langlebigen Fahrzeugs zu investieren.

Obwohl es sich hierbei hauptsächlich um ein Wunschdenken der PKW-Industrie handelt, die sich ihren Absatzmarkt durch die Herstellung bald ersatzbedürftiger Produkte in wenig umständlicher Weise erhalten möchte, scheint es doch einigen Anlaß zur Rechtfertigung dieses Gerüchts zu geben. Zwei Sorten von Autokäufern bestätigen die Automobilindustrie darin.

So gibt es tatsächlich Autofahrer, die ohne jeden realen Grund und weitab jeder kritischen Überlegung sich stets das neueste Modell anschaffen. In der Zeitschrift »Gute Fahrt«, Heft 11, Jahrgang 1974, gab ein Herr Alfred Schmidt, Technischer Zeichner, von sich: »Ich will immer das neueste Automodell vor der Tür stehen haben. Außerdem sollen die Nachbarn sehn: Ich kann mir noch einen Wagen leisten.« Ob solcher Argumentation verschlägt es einem die Sprache. Käufer dieses Typs sind sicher die beliebtesten Kunden der Autoindustrie und die willfährigsten Opfer deren Politik der psychologischen Obsoleszenz. Das bedeutet, wie festgestellt, nichts anderes als die Schöpfung modischen Verschleißes: Das neue Modell, funktionell gegenüber dem alten nicht oder nur unbedeutend verändert, wirkt allein durch die ungewohnte Formgebung kaufanreizend.

Ein weiterer Typ von Autofahrer beansprucht für sich, ein nüchternes, kaufmännisch überlegendes Verhältnis zu seinem PKW zu haben. Er stößt sein Fahrzeug ab, solange es noch einigen Verkaufswert besitzt und bevor die teuren Reparaturen auf ihn zukommen. Er ist überzeugter Käufer von Jahreswagen, hat deshalb feste Verträge mit den Werksangehörigen von Automobilfabriken, von denen er sein Auto billiger bezieht und hat seinerseits schon wieder einen Abnehmer, bevor er sein Fahrzeug auch nur ein Jahr lang gefahren hat.

Beide Arten von Autokäufern drücken die durchschnittliche Dauer des Verbleibs von Neuwagen beim Erstkäufer auf wenige Jahre. Innerhalb des einen oder höchstens zwei Jahre, während der sie ihr neues Fahrzeug benutzen, treten naturgemäß seltener irgendwelche Mängel auf. Die Erstkäufer und auch die Käufer sogenannter Werkswagen haben dementsprechend kaum Grund zu Beanstandung. Erst die Zweit- oder Drittkäufer des in die Jahre kommenden Vehikels hätten wegen wachsender Unzuverlässigkeit, häufiger Stillstandszeiten und teuren Reparaturen von Rost- und Verschleißschäden ausreichend Grund zu Mängelrügen gegenüber dem Hersteller. Zu diesem Zeitpunkt ist aber der PKW schon längst über jegliche Garantie und Kulanzzeit hinausgewachsen, rechtliche Ansprüche sind damit verloren. Zudem ist sich jeder Fahrer eines ältlichen Wagens durchaus bewußt, daß irgendwelche Beanstandungen außer einem nachsichtigen Lächeln und einem bemitleidenden Brief des zuständigen Kundendienstes nichts bewirken. Er hat froh zu sein und sollte eigentlich dankbar die Füße des PKW-Produzenten küssen, wenn er sein mit 50000 km gebraucht gekauftes Fahrzeug überhaupt über die ominöse 100000-km-Grenze hinüberretten kann.

Reklamationen an den Hersteller sind also im Verhältnis zu den tatsächlich auftretenden Schäden gering, was ein weiteres Absenken der Haltbarkeit provoziert.

In Anbetracht der bekannten technologischen Möglichkeiten zur Rostverhinderung, Verschleißverringerung und Festigkeitserhöhung, ist der Verdacht gerechtfertigt, daß die geringe Lebensdauer und die daraus mit zunehmendem Alter erwachsende Unzuverlässigkeit gesteuert sein muß.

Es wäre nun reichlich töricht von der Automobilindustrie, die zu geringe Haltbarkeit ihrer Produkte allzu offensichtlich zu demonstrieren. Schlecht schließende Türen, lose verklebte Kunststoffverkleidungen und fehlerhafter Lack signalisieren auch dem technisch minderbemittelten Autokäufer von vornherein Schlampigkeit. Der Hersteller wird auf jeden Fall solche Mängel zu vermeiden versuchen. Es gibt nämlich etwas raffiniertere Methoden zur Steuerung der Lebensdauer. Offensichtlich befleißigt sich die PKW-Industrie dabei dreier Grundsätze:

Zum einen schiebt sie die lebensdauerverkürzenden Eigenschaften ihrer Produkte in einen Bereich, der außerhalb der Kritikfähigkeit des untechnischen Autofahrers liegt. Dieses Verfahren ist allerdings nicht ganz einfach und erfordert volle Aufmerksamkeit des Durchführenden, da das technisch-wissenschaftliche Niveau des PKW-Baus sowieso nicht so hoch ist und damit die hierfür zur Verfügung stehende Bandbreite technologischen Könnens nicht sehr groß ist.

Zum anderen steckt die Automobilindustrie lebensdauerverkürzende Eigenschaften in Stellen eines PKW, wo der Fahrer beim Auftreten von Schäden zumindest mitverantwortlich gemacht werden kann. Wer will dann schon nachweisen können, daß die Abnutzung von Kupplung, Bremsen, Synchronisation, Radaufhängungen, Gelenken usw. nicht auf die Fahrweise, sondern auf eine wahrscheinlich sogar gezielt schlampige Konstruktion und Fertigung zurückzuführen ist?

Und nicht zuletzt bemüht sich die PKW-Industrie, ihre Produkte nach konstruktiven Grundsätzen zu gestalten, die dem Ingenieurwissen der vergangenen Epoche des Zeppelinzeitalters entsprechen, aber allesamt den für sie selbst fast unschätzbaren Vorteil des systemgebundenen größeren Verschleißens mit sich bringen.

Es ist nun innerhalb des vorgesehenen Umfangs unmöglich, jedes Detail eines PKW auf die in ihm investierten lebensdauerverkürzenden Eigenschaften hin zu untersuchen. Dazu ist die Anzahl der Bauteile eines PKW viel zu groß. An einigen wenigen Bauteilen soll deshalb exemplarisch nach ihren Schwächen gesucht werden.

Der Exitus eines PKW wird durch die lebensdauerverkürzenden Faktoren Verschleiß, Korrosion und geringe Festigkeit hervorgerufen.

Verschleiß tritt dort auf, wo irgendwelche Teile aneinander vorbei bewegt werden, sich sozusagen gegenseitig abfeilen und abtragen.

Korrosion ist nichts anderes als Rost in zwar vielfältiger, nichtsdestoweniger aber recht gut erforschter und zu verhindernder Form.

Und zu geringe Festigkeit tritt bei einem Bauteil auf, das von seinem Konstrukteur zu schwach oder falsch dimensioniert wurde und deshalb zu früh bricht, sich verformt oder anderweitig versagt.

13. Hoher Verschleiß

Ohne Zweifel sind die Unterschiede zwischen einem »modernen« PKW und einem 60 Jahre alten Veteranen auffallend. Wer jedoch genau hinsieht, wird feststellen müssen, daß die Unterschiede sich im wesentlichen auf die äußere Form beschränken.

Die mechanischen Antriebsteile nämlich sind im großen und ganzen unverändert geblieben.

Deshalb verfügt das »moderne« Kraftfahrzeug immer noch über die von den Altvätern des Autobaus auf uns überkommenen Antriebselemente Kupplung, Schaltgetriebe, Ausgleichsgetriebe, Wellen und deren Lagerungen, Gelenke usw.

War nun die »Erfindung« dieser Bauelemente vor nahezu

hundert Jahren so hervorragend und haben sich diese Bauteile bei ihrem Einsatz seit dieser Zeit so glänzend bewährt, daß die Automobilingenieure in einer Epoche technologischer Evolution auf allen anderen Gebieten es nicht nötig gehabt hätten, hier Neues zu entwickeln? Ganz sicher nicht. Es gibt überzeugende Beispiele wirklich moderner Fahrgeräte, die ohne die oben erwähnten saurierhaften Bauelemente auskommen und trotzdem, oder besser deshalb, eine Reihe weiterer positiver Eigenschaften aufweisen.

Warum klebt nun die PKW-Industrie so penetrant an diesem altmodischen Antriebssystem? Immer die von ihr selber so häufig betonte Effizienz der Fortschrittlichkeit der PKW-Industrie unterstellt, bleibt nur eine Erklärung: Die verwendeten Bauteile haben, wie schon oben angedeutet, allesamt den Vorteil, daß sie nur mit einem gehörigen Maß an Verschleiß funktionieren.

Ein phantastischer Vorteil. Natürlich nicht für den Autonutzer, aber doch immerhin für den PKW-Hersteller, die Ersatzteilhändler und Reparaturwerkstätten und noch ein paar andere Leute, die auf die im Grunde recht phantasiearme, aber gut funktionierende Weise von Herstellung, Vertrieb und Einbau von Ersatzteilen gutes Geld verdienen wollen.

Verschleiß bedeutet also, daß aneinander vorbeibewegte Bauteile während ihrer Funktion sich gegenseitig abtragen. Dadurch wird ihre notwendige Oberflächenkontur, z. B. der Zahn eines Zahnrades, verändert. Das Teil ist abgenutzt und dann funktionsunfähig, es muß erneuert oder ausgetauscht werden.

Ein schönes Beispiel für ein Verschleißteil ist die sogenannte Kupplung. Sie ist das Ding, das der Autofahrer mit dem linken Pedal betätigt.

Die Notwendigkeit einer Kupplung ergibt sich aus ihren zwei Teilaufgaben im altväterlichen Antriebssystem unserer so »modernen« Personenwagen. Erstens (ver-)braucht man sie beim Anfahren. Bei stehendem Fahrzeug dreht sich der soeben angelassene Motor. Es gilt nun, die Drehbewegung des Motors irgendwie auf die noch ruhenden Räder des Autos zu übertragen. Man könnte das dadurch bewerkstelligen, daß man die sich im Motor drehende Welle, die Kurbelwelle, mit den zu den Rädern führenden Wellen rasch und fest verbindet. Irgendwie einrastet, einhakt. Das ist im Prinzip richtig, mit einem wesentlichen Nachteil: Es wäre kein sanfter Übergang zwischen dem stehenden und dem bewegten Zustand des Fahrzeugs vorhanden. Das Auto würde sich mit einem einzigen Satz in Bewegung setzen. Ähnliches findet statt, würde man aus einer Höhe von vielleicht einem Meter in die Pedale eines stehenden Fahrrades springen. Entweder schießt dann das Fahrzeug ruckartig davon, oder, was wahrscheinlicher ist, es bricht die Kette oder der Fußknochen. Auf das sanfte Anfahren kommt es also an, natürlich auch beim Auto.

Die ersten Autobauer, konfrontiert mit diesem Problem, lösten es auf eine Weise und mit Mitteln, die dem technischen Niveau der Zeit vor fast hundert Jahren entsprachen.

Die Neigung der PKW-Industrie zur musealen Technik hat uns unglücklicherweise diese Methode erhalten:

Auf dem einen Ende der Kurbelwelle, der Welle also, die die im Motor erzeugte Energie als Drehbewegung nach außen leitet, sitzt eine kreisrunde Scheibe. Sie dreht sich mit der Drehgeschwindigkeit der Kurbelwelle. Am Anfang der Welle, die letztlich zu den angetriebenen Rädern führt, sitzt auch eine kreisrunde Scheibe derselben Abmessungen. Bei stehendem Fahrzeug steht auch sie still. Bewegt man nun beide Scheiben, die so eingebaut sind, daß sie sich gegenüberstehen, aufeinanderzu und bringt sie zur Berührung, dann rutscht die sich drehende Scheibe auf der ruhenden und bringt diese langsam zum Mitdrehen. Über die zu den Rädern des Autos führende Welle wird das Fahrzeug nun langsam und sanft zum Anfahren gebracht. Für die grundsätzliche Betrachtung ist es eigentlich nebensächlich, daß die eine Scheibe mit einem bestimmten Werkstoff, einem sogenannten Kupplungsbelag, versehen ist, der einen kraftschlüssigeren Kontakt zwischen beiden Scheiben ergibt. Übrigens, mit dem Kupplungspedal steuert man den Grad der Annäherung der beiden Scheiben zueinander und damit auch fühlbar den mehr oder weniger heftigen Anfahrvorgang.

Wo bleibt nun der vorher erwähnte Verschleiß? Nun, diesen beiden Scheiben geht es ähnlich wie der Hose, mit der man einen felsigen Abhang hinunterrutscht. So wie bei der Hose Stoffteilchen, so lösen sich aus der Oberfläche der Kupplungsscheiben Werkstoffteilchen. Davon ist namentlich der weiche Kupplungsbelag betroffen. Jeder Anfahrvorgang zustört die Kupplung also ein wenig. Letzten Endes muß sie erneuert, ausgetauscht werden. Aufgrund ihrer Einbaulage im Fahrzeug muß dazu entweder der ganze Motor oder das Getriebe ausgebaut, zumindest aber aus den Aufhängepunkten gelöst werden. Das ergibt einen teuren Reparaturvorgang.

Jedes Anfahren kostet also ein kleines bißchen Kupplungsleben; und durch schonende Betätigung kann man den Verschleiß nur verringern, beseitigen kann man ihn hier nie. Schonende Betätigung heißt übrigens möglichst kurzzeitige Betätigung der Kupplung, der Verschleißvorgang läuft dann nur während kurzer Zeit und damit weniger heftig ab. Schonende Betätigung heißt aber auch Anfahren bei möglichst kleiner Motordrehzahl, dann ist die Relativbewegung beider Scheiben gegeneinander klein. Beide Maßnahmen verringern die Anzahl der aus den Scheibenoberflächen herausgerissenen Werkstoffteilchen, mithin also den Verschleiß. Man schiebt den Zeitpunkt der fälligen Kupplungserneuerung hinaus. Aber eben auch nur das.

Der erfahrene Autofahrer weiß, daß bei kurzfristiger Betätigung der Kupplung und bei niedriger Drehzahl des Motors u. U. der Motor abgewürgt wird, d. h. plötzlich stehen bleibt. Man muß mit Gefühl kuppeln. Das ist nichts anderes, als ein eintrainiertes Suchen nach einem Kompromiß bei der Betätigung der Kupplung zwischen hohem Verschleiß und abgewürgtem Motor.

Es gehört zwar nicht in die Betrachtungen dieses Kapitels, soll aber dennoch an dieser Stelle erwähnt werden: Nichts spricht so sehr gegen den Anspruch der PKW-Industrie, ein allen zugängliches Individualverkehrsmittel zu schaffen und zeigt deutlich deren antike Konstruktionsvorstellungen auf, als eben das Beharren auf diesem so häufig vorkommenden Betätigungsvorgang, der ein umfangreiches Training motorisch ablaufender Bewegungen durch den Ausübenden verlangt und deshalb geradezu nach vollständiger Automatisierung schreit.

Zurück zum Verschleiß: Während des Anfahrvorgangs wird in der Kupplung Energie umgesetzt. »Energie« ist ein exakter physikalischer Begriff und entspricht dem Produkt aus Kraft mal dem Weg, den die Kraft beschreibt. Man benötigt schließlich doppelt soviel »Energie«, um einen Schrank um eine Strecke von 2 Metern anstelle einer solchen von 1 Meter zu verschieben. In der Kupplung werden nun zwar keine Schränke verschoben, dafür »verschieben« sich aber während des Anfahrens die beiden oben erwähnten Kupplungsscheiben gegeneinander. Das ergibt einen bestimmten »Verschiebeweg«. Das Verschieben selber geht nur unter einem gewissen Kraftaufwand vor sich. Man kann von den dataillierten mathematischen Zusammenhängen absehen und sich mit der Feststellung begnügen, daß innerhalb der Kupplung das schon oben erwähnte Produkt aus Kraft mal Weg auftritt.

Beim Schränkeverschieben wird die aufgewendete Energie voll in Wärme in der Reibfläche zwischen Schrankfüßen und Fußboden umgesetzt. Dasselbe gilt entsprechend für die Kupplung; auch hier wird die investierte »Rutschenergie«, die dem Produkt aus Kraft mal Weg entspricht, in Wärme umgesetzt. Und zwar um so mehr, je rascher sich der Motor dabei während des Anfahrvorgangs dreht und je länger die Kupplung dabei betätigt wird. Die Kupplung wird heiß und heißer und ihr geschieht wie einem zu lange gebackenen Pfannkuchen: Sie wird unbrauchbar, funktionsunfähig.

Bei einem saftigen Kupplungsschaden, den man sich etwa beim Anfahren am Berg verblüffend rasch einhandeln kann, ist eine ganze Menge teurer Dinge kaputt und diese müssen auf äußerst umständliche Weise wieder regeneriert und ersetzt werden.

Um einige Feinheiten zu nennen: Der Kupplungsbelag ist verbrannt, die Andruckfedern sind ausgeglüht, die sogenannte Druckplatte ist verzogen und gerissen.

Die Negativbetrachtung der Kupplung muß noch erweitert werden: Außer daß während des Anfahrvorgangs in der Kupplung völlig nutzlos, ja sogar in schädlicher Weise Energie investiert wird, kommt noch hinzu, daß der Verbrennungsmotor des PKW diese vertane Energie erst produzieren muß. Da sie dem eigentlichen Zweck, nämlich das Fahrzeug zu beschleunigen, nicht zur Verfügung stehen kann, wird sich das Fahrzeug träger in Bewegung setzen, als es aufgrund der zur Verfügung stehenden Motorleistung eigentlich könnte.

Um den Energieverlust in der Kupplung auszugleichen, muß man versuchen, dem Motor innerhalb derselben Zeit mehr Energie zu entziehen. Dazu bringt man ihn auf eine höhere Drehzahl. Man gibt Gas. Mit dem Effekt jedoch, daß nun zwar mehr Energie dem eigentlichen Anfahrvorgang zugeführt wird, dafür aber auch mehr in der Kupplung in Form von Wärme bleibt. Der Verschleiß wird größer. Wenn bei etwas schwierigeren Anfahrvorgängen die Kupplung ohne rechte Übung und besonderes Geschick betätigt wird, dann beißt sich dieser beschriebene Vorgang irgendwie in den Schwanz. Die Kupplung gibt ihren Geist auf.

Es sei nur am Rande erwähnt: Die in der Kupplung in Form

von nutzloser Wärme bleibende Energie kommt nicht von ungefähr, sondern muß erst in Form von Treibstoff getankt werden. Kein Zweifel, daß die energieverzehrende Kupplung dem eigentlichen Fahrvorgang Treibstoff wegfrißt.

Und zum Schluß: Wenn nach dem Anfahrvorgang die volle Verbindung zwischen dem antreibenden Motor und den angetriebenen Rädern hergestellt ist, kann der PKW selbst im kleinsten Gang und mit geringstem Gas nur mit einer gewissen Mindestgeschwindigkeit gefahren werden. Ist man aus irgendwelchen Umständen gezwungen, langsamer zu fahren, dann muß die Kupplung betätigt werden. Fazit: Kolonnenfahrt im Stadtverkehr, Paßfahrten hinter dahinkriechenden LKW und ähnliches bei ständig betätigter Kupplung vermehren ihren Verschleiß und verringern ihre Lebensdauer zusätzlich.

Wer die bis hierher gemachten Betrachtungen durchgestanden hat, kann folgende Negativbilanz der gebräuchlichen PKW-Kupplung aufstellen:

1. Jeder Anfahrvorgang ist mit Verschleiß verbunden.
2. Unsachgemäße Betätigung erhöht den Verschleiß und verringert die Lebensdauer.
3. In der Kupplung wird Wärme erzeugt, das führt u. U. zu teuren Schäden.
4. Der Kupplungsvorgang erfordert ein Training motorischer Bewegungsabläufe vom Betätigenden.
5. Die Kupplung verzögert den Anfahrvorgang.
6. Ihre Funktion kostet Treibstoff.
7. Bei sehr geringen Fahrgeschwindigkeiten ist sie dauernd zu betätigen.
8. Dieses Verschleißteil Kupplung ist schlecht zugänglich und erfordert umständliche Reparaturvorgänge.

Alles in allem: die traditionelle Kupplung scheint kein sehr intelligent gemachtes Teil zu sein. Nun müßte man sich mit diesem so offensichtlichen Mißstand abfinden, wenn es keine bessere Möglichkeit gäbe, einen Anfahrvorgang auszuführen. Entspräche also diese Kupplung dem Stand der Technik. Das tut sie aber ganz einfach nicht.

Die technische Landschaft hat sich in den letzten vierzig Jahren erheblich gewandelt, und seit geraumer Zeit wäre es möglich gewesen, die historische Kupplung samt ihren Nachteilen über Bord zu werfen und durch eine geeigneteres »Anfahrsystem« zu ersetzen. Hierbei handelt es sich um ein hydrostatisches Getriebe, das neben einer Reihe anderer Vorteile eben auch den eines fast idealen Anfahrens mit sich bringt. Unter Verzicht auf komplizierte Gleichungen und Diagramme soll diese Funktion anhand der untenstehenden Skizzen erläutert werden.

Ein solches Getriebe besteht im wesentlichen aus zwei Bauteilen. Aus einer vom Motor des Fahrzeugs angetriebene Ölpumpe und einem Ölmotor, der mit den anzutreibenden Rädern verbunden ist. Beide Bauteile sind durch Rohre oder Schläuche miteinander verbunden und mit einer Art Schmieröl, dem Hydrauliköl, gefüllt. Abbildung 1 zeigt das System.

Angenommen, der Verbrennungsmotor des PKW sei gerade angelassen worden. Er treibt dann den Rotor der Ölpumpe an und bringt ihn dadurch zum Drehen. Was passiert dann?

Vorläufig nicht viel. Der Rotor nimmt die in Schlitzen in ihm steckenden Flügel mit sich. Das Öl wird in Kammern zwischen Gehäuse, Flügeln und Rotor mitgeschleppt und nur im Kreis herum bewegt.

Anders sieht es aus, wenn der Rotor durch eine Hebelbewegung in eine exzentrische Stellung zum Gehäuse gebracht wird (Abb. 2). Die Flügel in den Rotoren liegen federnd in den Schlitzen des Rotors und passen sich der Exzentrizität an. Jetzt werden bei der mit Pfeil eingezeichneten Drehbewegung des Rotors in Uhrzeigerrichtung zwischen den Punkten 1 und 2 die Kammern zwischen Gehäuse, Flügeln und Rotor laufend kleiner. Der dem Hydrauliköl zur Verfügung stehende Raum wird geringer und das Hydrauliköl (im Gegensatz zur Luft läßt es sich nicht verdichten) muß entweichen. Es strömt über die Leitung A in den Ölmotor. Dieser ist im Grunde genommen lediglich eine Ölpumpe mit umgekehrter Funktion. In dem Maße, in dem die Pumpe mit ihren Bewegungen Öl verdrängt, nimmt der Motor Öl auf, um dadurch eine Drehbewegung des Rotors zu erzeugen. Über eine Welle wird den Rädern des Fahrzeugs diese Drehbewegung mitgeteilt. Das Fahrzeug fährt an.

Mehr gibt es im Grunde genommen gar nicht zu dieser Art des Anfahrens zu sagen. Schon deshalb nicht, weil hier die aufzustellende Negativbilanz ein viel kleineres Saldo aufweist. Da alle Bauteile der Aggregate in Öl schwimmen und fast ideal geschmiert sind, treten nur sehr geringe Verschleißerscheinungen auf. Auch wird die vom Verbrennungsmotor kommende Energie nicht unnötig verheizt, sondern richtig zum Anfahren verwendet. Die Betätigung des Anfahrvorgangs ist einfach, man bewegt einen Hebel und das Fahrzeug setzt sich in Bewegung.

All dies ist keine Zukunftsmusik. Seit vielen Jahren werden

Baufahrzeuge, landwirtschaftliche Geräte, Lokomotiven und Industriefahrzeuge auf diese Weise angefahren und bewegt. Fahrzeuge also, bei denen es aus Gründen der Rentabilität auf größte Zuverlässigkeit ankommt und die ohne umfangreiches Training einfach und sicher bedienbar sein müssen.

Es ist keine Frage, daß jeder PKW auch mit einem Antriebssystem dieses Prinzips ausgestattet werden könnte. Wobei natürlich erforderlich wäre, daß dieses auf die speziellen Belange des PKW-Baues abgestimmt wird.

Um es noch einmal in Erinnerung zu bringen: das Bauteil »Kupplung« wurde stellvertretend für die Vielzahl von anderen Bauteilen im PKW betrachtet, für die in gleichem Maße die drei vermutlichen Grundsätze der PKW-Industrie gelten: Der Grund für den daran auftretenden Verschleiß darf nicht offensichtlich und nicht von vornherein erkennbar sein; der Autofahrer muß an seinem Entstehen mitbeteiligt werden; man beharrte

Schema eines Hydrostatischen Getriebes als »Anfahrsystem« im PKW

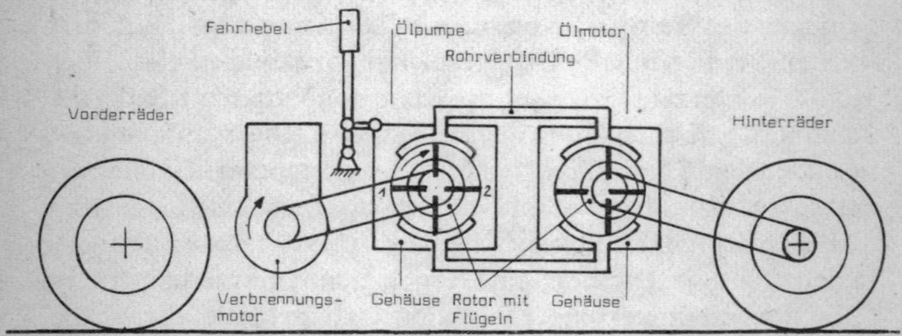

Abb. 1 Leerlauf, Fahrhebel in Neutralstellung

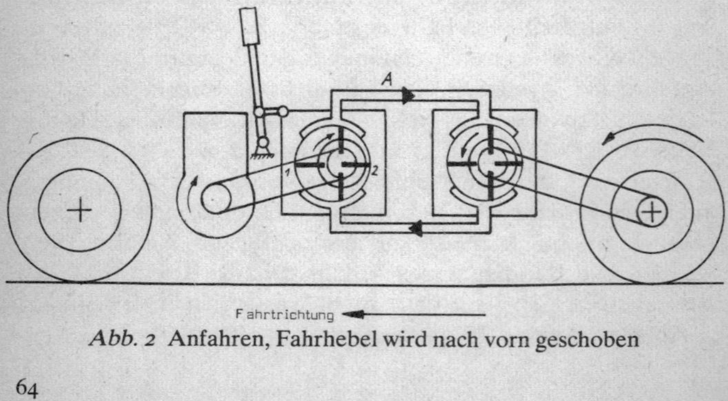

Abb. 2 Anfahren, Fahrhebel wird nach vorn geschoben

auf altmodischen Konstruktionen, denn diese sind mit hohem, systembedingtem Verschleiß gesegnet.

»Kupplungen« oder ähnliche Keimzellen des Verschleißes, der Abnutzung und damit so willkommene Wegbereiter kontinuierlichen Absatzes gibt es in Vielzahl in den traditionellen Schaltgetrieben, den Ausgleichsgetrieben und etlichen anderen Baugruppen, die das Antriebssystem eines Fahrzeugs bilden.

Die moderne Antriebstechnik könnte sie zumeist umgehen und häufig in ihren Abnutzungsgraden mildern.

Ein hervorragendes Verschleißobjekt sind schließlich auch die Bremsen.

Sie sind im Grunde genommen so ähnlich aufgebaut wie die Kupplung. Auch hier wird ein besonders reibfähiger Werkstoff, der Bremsbelag, dem heftigsten Verschleiß ausgesetzt. Ebenso wie die Kupplung werden Bremsen thermisch heftig beansprucht, da in ihnen die im rollenden Fahrzeug steckende Energie während des Bremsvorgangs voll in Wärme umgesetzt wird. Je nachdem nun, wie dieser Bremsbelag angeordnet ist, unterscheidet man Trommelbremsen und Scheibenbremsen. Die im Grunde genommen schon seit langem bekannte Form der Scheibenbremse wurde erst vor etwa 20 Jahren für den Gebrauch im PKW neu entdeckt. Angeblich, weil sie den besseren Bremseffekt bringe. Und weil sie aufgrund der intensiveren Kühlung der Bremsscheibe im Vergleich zur Bremstrommel weniger heftig thermisch beansprucht würde. So jedenfalls tönen die Veröffentlichungen in den für den Laien gedachten Autozeitschriften und das versprechen auch die Vielfarbprospekte der PKW-Hersteller. Es gibt nun im Gegensatz zu diesen Behauptungen wissenschaftliche Untersuchungen, die keineswegs so eindeutig die Vorteile der Scheibenbremse preisen.

So steht zum Beispiel im Automobiltechnischen Handbuch von Bussien – das ist so etwas die die Bibel des Kraftfahrzeugtechnikers – folgendes: »Die Scheibe der Scheibenbremse ist mit Rücksicht auf die Fahrtwindkühlung meist nicht abgedeckt und daher dem Einfluß von Straßenschmutz und Feuchtigkeit direkt ausgesetzt, weshalb sie bei regennasser Straße nicht gleich anspricht.« Auch der Laie wird erkennen, daß hierdurch eindeutig die Fahrsicherheit gemindert wird.

Weiter ist im Kapitel »Vergleich von Trommelbremse und Scheibenbremse« zu lesen: ». . . und damit besteht aber auch für die Hydraulik und den Reifen bei Scheibenbremsen Gefahr erhöhter Temperaturen. Aus den Vergleichen ergibt sich bisher für alle Vorteile der Scheibenbremsen auch die Möglichkeit, sie auf die Trommelbremse zu übertragen. Das beste bei dem Wettbewerb zwischen Scheiben- und Trommelbremse dürfte sein, daß auf beiden Seiten die Entwicklung weitergeht. Es ist nur zu fürchten, daß die Trommelbremse vorzeitig aus diesem Wettbewerb zurückgezogen wird, weil die Unterhaltungs-Fachpresse allzu einseitig die Scheibenmode propagiert, als ob damit alle Probleme um die Bremse gelöst seien.«

Das muß detaillierter erläutert werden. Aufgrund komplizierterer thermischer Vorgänge besteht bei längerem Betätigen der Scheibenbremse im Gegensatz zur Trommelbremse die Gefahr, daß die Bremsflüssigkeit, das ist eine Art Hydrauliköl, welches die Fußkraft zur Bremse hin überträgt, zu heiß wird. Wird sie sehr heiß, so verdampft sie.

Verdampfte Bremsflüssigkeit vermag aber keine Bremskräfte mehr zu übertragen, das Bremssystem fällt dann total aus. Der Verfasser kennt mehr als einen Fall, wo dies bei scheibengebremsten Fahrzeugen auf längeren Paßabwärtsfahrten im Gebirge der Fall war.

Wenn nun tatsächlich und entgegen allen Tankstellen- und Prospektparolen die Scheibenbremsen gegenüber den Trommelbremsen keine sonderlichen funktionellen Vorteile, dafür aber den unter Umständen tödlichen Nachteil ihres plötzlichen totalen Versagens mit sich bringen können, warum werden sie dann in fast allen »modernen« PKW eingesetzt?

Man kann es schon beinahe erraten: Sie haben den weitaus größeren Verschleiß. Um denselben Bremseffekt erzielen zu können, müssen die Bremsklötze von Scheibenbremsen etwa fünf- bis zehnmal heftiger gegen die Scheiben gedrückt werden, als dies bei den Bremsbelägen der Trommelbremsen der Fall ist.

Das bedeutet auch eine Steigerung des Verschleißes in etwa diesem Verhältnis. Die Praxis zeigt, daß Scheibenbremsen etwa alle 12000 bis 20000 km Fahrstrecke, Trommelbremsen dagegen nur etwa alle 60000 km Fahrstrecke überholt werden müssen. Gleiche Fahrzeugtypen und ähnliche Fahrweise natürlich vorausgesetzt.

Erfahrungsgemäß werden innerhalb dieser Beanspruchungszeit die Scheiben selber heftiger mitgenommen als die Trommeln. Während die Trommeln nach einer gelinden Überholung wieder eingebaut werden können, müssen sehr oft die teuren Scheiben gegen neue ausgetauscht werden.

Wie wenig gut angesehen übrigens Scheibenbremsen beim

Fachmann sind, geht unter anderem auch daraus hervor, daß Lastkraftwagen und fast alle Omnibusse mit Trommelbremsen ausgerüstet werden. Fahrzeuge also, bei denen vom unternehmerisch denkenden Käufer neben Fahrsicherheit besonders auf Zuverlässigkeit und Wirtschaftlichkeit bei geringsten Standzeiten Wert gelegt wird und bei denen kein Platz für technischen Modefirlefanz ist.

Die besondere Beliebtheit der Scheibenbremse bei den PKW-Produzenten resultiert neben ihrem umsatzsteigernden Verschleißverhalten aber auch noch aus einer anderen Eigenschaft.

Die Betätigung von Scheibenbremsen durch den Fahrer erfordert sehr hohe Kräfte. Das ist bei Trommelbremsen nicht der Fall, da diese beim Bremsen aufgrund ihrer speziellen konstruktiven Konzeption durch einen Servobremseffekt die benötigte Bremskraft zum Teil aus sich selber heraus entwickeln. Sie verlangen deshalb nur geringe Kräfte durch den Fahrer am Fußpedal.

Der Scheibenbremse fehlt diese Eigenschaft des Servobremseffekts. Um nun trotz Einbaus einer Scheibenbremse die Fußpedalkräfte erträglich niedrig zu halten, muß in den PKW ein zusätzliches Aggregat eingebaut werden, das den Fahrer während des Bremsvorgangs unterstützt. Diese Servobremshilfe wird indirekt durch den Verbrennungsmotor des PKW angetrieben. Ein Blick in die Preislisten zeigt, daß dieses Gerät den Umsatz pro PKW-Einheit immerhin um etliche Hunderter heben kann.

Selbstverständlich ist es selber auch wiederum verschleißbehaftet, sichert somit der PKW-Industrie auch späterhin durch unvermeidliche Reparaturen noch weitere Einkünfte.

Ohne Zweifel ist auch der Motor eines PKW selbst ein zum Verschleiß direkt prädestiniertes Bauteil. Prinzipiell kann man sagen, daß der Verschleiß in einem Kraftfahrzeugmotor mit den Gleitwegen der gegeneinanderbewegten Teile zunimmt. Das ist einfach vorstellbar. Denn der Abrieb in den Kontaktflächen zwischen Kolben und Zylinder – das sind zwei der wesentlichsten Bauelemente eines Motors – wird erheblich zunehmen, wenn der Kolben doppelt so oft im Zylinder hin- und herbewegt wird. Nun hat sich die gesamte PKW-Industrie in einer verdächtigen Einigkeit um die Entwicklung von PKW-Motoren bemüht, bei denen gerade das der Fall ist. So entstanden in den letzten zwanzig Jahren Verbrennungsmotoren mit von Modell zu Modell gesteigerter größerer Drehzahl. Dazu ein Zahlenvergleich:

Der Motor des neuen VW-Golf erreicht seine höchste Leistung von 50 PS bei einer Drehzahl von 6000 Umdrehungen pro Minute an der Kurbelwelle. Der alte Käfermotor erreicht dieselbe Leistung bei einer Drehzahl von nur 4000 Umdrehungen pro Minute. Die Kurbelwellendrehzahl oder auch Motordrehzahl, steht in engem Zusammenhang mit der Geschwindigkeit, mit der im Mittel die Kolben in den Zylindern auf- und abwärts bewegt werden. Diese beträgt beim Golf 14,4 Meter pro Sekunde, beim Käfer nur 9,2 Meter pro Sekunde. Um innerhalb einer Sekunde die gleiche Energie an die Kurbelwelle abzugeben, muß sich im Vergleich zum Käfermotor der Kolben eines Golf-Motors auf den anderthalbfachen Weg machen. Kein Zweifel, daß ihn das mehr beansprucht. Ähnliche Steigerungen der Drehzahl und der mittleren Kolbengeschwindigkeit haben nahezu alle PKW-Motoren der letzten Jahre über sich ergehen lassen müssen. Auf den dadurch vermehrten Verschleiß ist im wesentlichen die geringe Laufzeit sogenannter moderner Motoren zurückzuführen.

Die Schuld an der Drehzahlsteigerung und dem damit verbundenen höheren Kolbenverschleiß wird im wesentlichen dem System unserer KFZ-Besteuerung zugeschoben.

Tatsächlich wird in der Bundesrepublik und in einigen weiteren Ländern mit hohem Importanteil deutscher PKW nach der Größe des sogenannten Hubraums im Motor versteuert. Der Hubraum ist dabei der Hohlraum, der innerhalb des Motors zur Verbrennung und Ausdehnung des Treibstoff-Luft-Gemischs zur Verfügung steht. Er wird in Litern oder in Kubikzentimetern gemessen und beträgt bei einem Mittelklassewagen etwa 1,5 Liter oder 1500 Kubikzentimeter. Nun sagt dieser Hubraum noch nichts über die Leistungsfähigkeit eines Motors aus, die letzten Endes eigentlich nur Maß für die Besteuerung sein kann. Nach der Devise, daß der Besitzer eines PKW mit höherer PS-Zahl dafür auch mehr an den Staat zu zahlen hat. Erst in Verbindung mit der Drehzahl nämlich ergibt der Hubraum ein Maß für die richtige Besteuerungsgrundlage nach Leistungsklassen, denn nach einer hier nicht näher hergeleiteten Gleichung entspricht die Motorenleistung dem Produkt aus Hubraum mal Drehzahl. Dieselbe Motorenleistung erzeugt man nun entweder mit großem Hubraum und kleiner Motordrehzahl oder umgekehrt mit kleinem Hubraum und großer Motordrehzahl. Wäre es der Steuergesetzgebung eingefallen, die Drehzahl zum Maß für die KFZ-Besteuerung zu machen, dann hätte die PKW-Industrie langsamlaufende

Motoren großen Hubraums anstreben müssen, um dem PKW-Nutzer Steuerkosten zu ersparen. Wir würden dann PKW mit von Natur aus robusten Motoren fahren, wobei deren Hersteller sich spezielle Tricks einfallen lassen müßten, um die umsatzhindernde lange Lebensdauer zu reduzieren. Die jetzige Steuerordnung kommt da ihren so naheliegenden Absichten weitaus mehr entgegen.

Sozusagen mit Fug und Recht und der so verbraucherfreundlichen Beteuerung, dem KFZ-Halter fixe Haltungskosten ersparen zu wollen, baut sie die üblichen nervösen Motorchen mit steuersparendem, kleinem Hubraum und verschleißbedingten hohen Drehzahlen. – Motoren mit größerem Verschleiß und den damit verbundenen häufigeren Reparaturen und Neuanschaffungen.

Ein Zahlenbeispiel soll demonstrieren, wie weitaus heftiger dem Autohalter die Kosten eines verschleißfreudigeren Motors gegenüber denen eines standfesteren mit höherer Steuerlast zu Buch schlagen.

Es sei die Wahl zwischen zwei Fahrzeugen mit den untenstehenden Daten gegeben, deren Fahrstrecke bis zur ersten großen Motorüberholung, durch die beschriebenen Verschleißerscheinungen erklärbar, etwa in umgekehrtem Verhältnis zur höchsten Motordrehzahl steht.

Fahrzeug	Leistung	Hubraum	Drehzahl	Laufzeit bis zur 1. Motorüberholung
Nr. 1	50 PS	1 Liter	6000 u/min	70 000 km
Nr. 2	50 PS	1,5 Liter	4000 u/min	105 000 km

Der Besitzer des Fahrzeugs Nr. 1 investiert innerhalb der ersten sechs Jahre an KFZ-Steuer rund DM 900,– und etwa DM 2000,– für die fällige Motorgrundüberholung. Zusammen also DM 2900,–.

Der Besitzer von Nr. 2 zahlt in diesem Zeitraum zwar etwas mehr Steuern, nämlich DM 1350,–, dafür fallen bei ihm aber die Überholungskosten weg. Der langsamlaufende Motor des Fahrzeugs Nr. 2 erspart seinem Besitzer immerhin etwa DM 2900,– minus DM 1350,–, also DM 1550,–.

Das ist ein Mindestwert. Denn der langsamlaufende Motor schont auch die weiteren Antriebselemente, die ebenfalls mit geringerer Drehzahl, also kleinem Verschleiß, betrieben werden können und damit eben länger halten.

Vergleicht man übrigens die mittlere Lebensdauer eines modernen PKW-Motors von etwa fünf bis sechs Jahren bei einer Fahrstrecke von rund 15 000 km pro Jahr mit einer im wesentlichen durch den Rost bedingten Lebensdauer des Fahrzeugs von nicht ganz zehn Jahren, dann liegt der wohlbegründete Verdacht nahe, daß die PKW-Hersteller die dem Exitus ihrer Produkte vorausgehende Agonie so steuern, daß innerhalb eines Autolebens zumindest eine teure Motorüberholung oder ein Tauschmotor fällig sein wird.

Im Grunde genommen spricht eigentlich nichts, außer den vermutlich sehr egoistischen Vorstellungen der PKW-Hersteller selber, gegen die Verwendung von langsamdrehenden und großvolumigen PKW-Motoren. Und es ist nur ein Gerücht, daß ein Motor mit großem Hubraum unvertretbar mehr Platzbedarf und Gewicht mit sich bringen würde. Wer die Typenlisten von Ford und Opel durchblättert, kann feststellen, daß für dieselben Grundmodelle, z. B. Escort oder Kadett, wahlweise Motoren mit Hubräumen bis zum Doppelten des kleinsten Motors eingebaut werden können. Allerdings nicht mit der Absicht, durch Hubraumvergrößerung bei gleicher Motorleistung die Höchstdrehzahl abbauen zu können und damit langlebige Fahrzeuge zu schaffen, sondern durch Erhöhung der Motorleistung das Auto noch schneller zu machen. Wobei über die Sinnlosigkeit dieses Schnellermachens noch später gesprochen werden soll.

Hätte die PKW-Industrie ehrliches Interesse an der Produktion langlebiger Motoren, dann wäre sie längst gegen die allen technischen Grundgesetzen zuwiderlaufende und nur historisch zu erklärende Hubraumbesteuerung Sturm gelaufen. Dank ihrer Stellung als stärkster Wirtschaftszweig der BRD und gemäß der relativ einfachen Argumentation gegen die jeder logischen Grundlage entbehrenden Art der KFZ-Besteuerung hätte sie darin Erfolg gehabt.

Von Demonstrationen vereint unter Spruchbändern mit Aufschriften wie: »Weg von der Hubraumsteuer, Drehzahl macht das Auto teuer« marschierender Bosse der PKW-Industrie ist jedoch bislang nichts bekannt geworden.

14. Große Korrosionsanfälligkeit

Auf die Frage, welches Geräusch am Auto ihm am unangenehmsten sei, erwiderte mir ein Bekannter: »Es ist das leise Pfeifen des TÜV-Ingenieurs durch die Zähne, wenn er in der Grube unter meinem Auto stehend den Schraubenzieher durch die verrosteten Holme stößt.«

Rost, Korrosion, in makabrer Weise auch »Gilb« genannt, erzeugt die vom Autofahrer wohl am meisten gefürchteten Schäden. Mit Recht.

Alle noch so heftig verschlissenen Kupplungen, Getriebe, Bremsen und vieles mehr lassen sich gegen entsprechende Kosten in neuwertigen Zustand zurückversetzen. Nicht so bei Rostschäden. Sie sind praktisch irreparabel. Selbst bei einem mit größtem Aufwand reparaturgeschweißten PKW ist der Rosttod nur etwas verzögert, niemals aber unterbunden. Um das zu verstehen, muß man die moderne Karosseriebauart etwas näher kennenlernen. Nahezu alle zur Zeit gebauten PKW sind in sogenannter selbsttragender Bauweise ausgeführt. Der Fahrzeugkörper, die Zelle, besteht dabei aus einer Vielzahl miteinander punktverschweißter Blechteile, die Hohlräume bilden. Man könnte auch sagen, die Zelle ist aufgebaut aus einer Reihe von Blechrohren mit den unterschiedlichsten Querschnittformen.

Der PKW wird während des Betriebs solchen Beanspruchungen unterworfen, die diese einzelnen Rohre zu verbiegen und zu verdrehen versuchen. Um das und damit ein eventuelles Versagen durch einen Bruch zu unterbinden, wird man diese Rohre so »fest« als möglich gestalten müssen. Es besteht nun der mathematische Zusammenhang, daß die gleiche Festigkeit eines Rohres entweder durch dickeres Blech oder durch einen größeren Rohrquerschnitt zu erreichen ist.

Die PKW-Industrie bevorzugt den größeren Rohrquerschnitt mit der dünneren Blechdicke. Das hängt unter anderem mit den Verfahren zur Herstellung von selbsttragenden Karosserien zusammen.

Da ist einmal das Punktschweißverfahren.

Dabei werden die miteinander zu verbindenden Blechteile überlappend aufeinander gelegt, ähnlich wie bei zwei Papierbögen, die man miteinander verkleben möchte. Punktweise wird dann ein Gleichstrom hoher Stärke quer durch die sich überlappenden Bleche hindurchgeschickt. Dieser erwärmt in kurzer Zeit die Bleche an dieser Stelle und bringt sie in teigförmigen Zustand. Die Blechoberflächen fließen ineinander über. Nach dem Abschalten des Stromes erstarren die angeschmolzenen Blechoberflächen und bilden eine feste Verbindung, einen Schweißpunkt. Ein Vielzahl solcher Punkte verbindet die Karosserieeinzelteile miteinander.

Das Punktschweißen ist ein recht preiswertes Verfahren, da es weitgehend automatisch oder von angelernten Arbeitern ausgeführt werden kann.

Es ist vor allem billig, wenn mit geringem Energieaufwand, d. h. mit kleinen Gleichströmen geschweißt werden kann. Was insbesondere bei den von der PKW-Industrie bevorzugten kleinen Blechdicken auch der Fall ist.

Aber auch aus anderen Gründen tendiert die PKW-Industrie dazu, dünne Bleche zu verwenden. Die gewölbten Blechteile einer Karosserie werden durch sogenanntes Blechumformen auf großen Pressen mit besonderen Werkzeugen hergestellt. Dünne Bleche beanspruchen die Maschinen und Einrichtungen dabei weniger als dicke Bleche.

Und ganz selbstverständlich ist es für die KFZ-Industrie günstiger, dünnere Bleche ganz einfach deshalb einzusetzen, weil sie billiger sind als dicke Bleche.

Nach Ansicht von Ingenieuren aus der Qualitätszentrale der Bremer Klöckner-Hütte hat das Autoblech für Dach, Türen und Kotflügel ein nicht mehr zu unterschreitendes Dickenminimum erreicht . . . Diplomingenieur Höll erklärte in Bremen, die Reduzierung der Blechstärke sei an der untersten technisch und aus Sicherheitsgründen noch vertretbaren Grenze angelangt. War das Blech vor noch nicht langer Zeit ein bis zwei Millimeter dick, so sei es heute durchweg auf die Hälfte abgemagert.

Das dünnwandige, mit großen Hohlräumen versehene Blechgebilde eines PKW ist nun ständig dem Einfluß von Feuchtigkeit ausgesetzt. Das führt auf unterschiedlichste Weise zum Entstehen von Rost.

Die harmloseste Form des Rostbefalls tritt an den meisten PKW-Türen auf. Die Schlitze, durch die die versenkbaren Fenster gleiten, lassen sich nicht völlig gegen Wasser abdichten. Schlagregen dringt hier ein, sammelt sich als Pfütze auf der Türunterseite und führt zum Rosten. Nach einigen Jahren bricht der Türboden durch. Das verschlechtert »nur« das Aussehen des Fahrzeugs, seine Funktion wird dadurch jedoch nicht beeinflußt.

Ähnlich »harmlos« ist Rost an Stellen der Karosserieoberfläche, wo hochgeschleuderte Steine den Rost durchschlagen haben.

Unvergleichlich gefährlicher sind alle die Korrosionsvorgänge, die sich heimlich im tragenden, also einer Festigkeitsbeanspruchung ausgesetzten Bereich des PKW-Aufbaues vollziehen.

In die Hohlräume der Karosserie dringt Wasser ein. Das ist der Fall, wenn beim Fahren auf nasser Fahrbahn Wassertropfen hochgeschleudert werden und mit hoher Geschwindigkeit gegen die Wagenunterseite oder die Radkästen prallen. Es genügen schon kleine Undichtheiten, um das Wasser in die Hohlräume der sogenannten Boden-Rahmen-Anlage eindringen zu lassen. Da es zwar unter Druck hier eingeschleudert wurde, dann aber druckfrei in den Hohlräumen steht, kann es von dort nicht wieder abfließen. Der Korrosionsvorgang setzt ein. Dies natürlich um so heftiger, je aggressiver das Wasser ist. Das ist der Fall, wenn die Fahrbahnoberfläche im Winter gesalzt wurde.

Diese Innenkorrosion hat katastrophale Folgen, da sie vor allem Teile in der Wagenunterseite befällt, die besonders zur Stabilität des Ganzen beitragen müssen. Das sind Längsholme, Quertraversen, Türschwellen, Türholme, Radkästen, Kotflügel, Teile der Radaufhängung, Stoßstangenbefestigungen.

Vor allem entzieht sich die Innenkorrosion der Kontrolle, da sie erst dann feststellbar ist, wenn es schon zu spät ist. Wenn also plötzlich ein Loch in die Karosserie einbricht und das tragende Teil von innen heraus zerstört ist.

Innenkorrosion findet auch bei gut abgedichteten Hohlräumen statt. Diese lassen sich bei großer Sorgfalt nämlich nur wasserdicht, nicht aber luftdicht machen. So schlägt sich zwangsläufig der in der Luft enthaltene Wasserdampf bei den geringen Temperaturwechseln, denen das Fahrzeug ausgesetzt ist, als Kondenswasser auf der inneren Blechoberfläche dieser Hohlräume nieder und führt zur Korrosion.

Weitere gefährdete Stellen sind die Bereiche, in denen die Bleche zur Punktschweißung überlappen. Um die Festigkeit der Punktschweißung nicht in Frage zu stellen, müssen dort die Bleche oberflächlich völlig fettfrei sein. Natürlich darf dort erst recht keine schützende Lackschicht liegen.

Im späteren Gebrauch sind dann diese Stellen beim Fahrzeug besonders rostgefährdet.

Wie werden nun diese so eindeutig korrosionsempfindlichen »modernen« Karosserien gegen Rost geschützt?

Mit Mühe konnte sich die PKW-Industrie zu einigen sehr dürftigen Methoden durchringen, die mehr den Eindruck eines die wirklichen Versäumnisse kaschierenden Feigenblattes, denn eines effektiven Schutzes machen.

So werden die verschweißten Bleche im Bereich der Überlappungen mit elastischen Dichtmitteln überstrichen, die das Eindringen von Wasser in die Hohlräume verhindern sollen. Der Auftrag erfolgt meist manuell, ist deshalb von unterschiedlicher Qualität und darüber hinaus in der Ausführung schlecht kontrollierbar. Die Hohlräume selber sind üblicherweise auf ihrer Innenseite gar nicht behandelt. Hier begnügt man sich zumeist nur mit der Fettschicht, die sich von vornherein schon auf den Blechen im Anlieferungszustand zu den PKW-Fabriken befand. Diese Fette dienten zum Rostschutz während des Transportes und der Lagerung oder auch zur Verringerung der zum Umformen erforderlichen Kräfte an den Blechpressen.

Nicht alle PKW-Hersteller haben in den letzten Jahren die Hohlraumkonservierung eingeführt. Hierbei werden spezielle Fette und Wachse mit Düsen in die Hohlräume eingesprüht, die einen gegen Rost schützenden Überzug ergeben sollen. Tests haben aber eindeutig ergeben, daß auch diese Methode keine endgültige Lösung sein kann. Da das Einsprühen blind geschieht, kann der Arbeitsgang nicht kontrolliert werden. Es verbleiben unter Umständen kleine ungeschützte Stellen, deren Rostbefall zum Versagen des gesamten Blechteils aber schon ausreicht.

Solche hat der TÜV Norddeutschland im Frühjahr 1977 gemeinsam mit Mitarbeitern der Zeitschrift »Stern« in 50 fabrikneuen Autos gesucht. Mit einem Gerät, mit dem man normalerweise Fotos vom Innern von Magen, Darm und Lunge eines Menschen macht, wurde nach Rost in Holmen und Türen geforscht. Bei zwei Dritteln aller PKW wurde man fündig. Das Ergebnis: Schon nach wenigen Wochen zeigen neue Autos Rostbefall an kritischen Stellen im Innern von Karosseriebauteilen, darunter auch Typen der teueren Nobelklassen von Daimler Benz und BMW, trotz des in blumiger Werbesprache angepriesenen Korrosionsschutzes durch Hohlraumversiegelung. Der Test löste auch bei Fachleuten Überraschung aus. Der Ingenieur Horst von Sothen vom Hamburger TÜV fand jedenfalls das Ergebnis schlimmer als erwartet.

Eine rühmliche Ausnahme bildete der Porsche 924. An seiner aus verzinktem Eisenblech gefertigten Bodengruppe fanden die

Tester nicht die Spur von Rost.

Seit etwa 25 Jahren produziert die PKW-Industrie also nahezu alle ihre Typen mit selbsttragenden, aufgrund ihrer Konzeption ungemein korrosionsanfälligen Karosserien, ohne allerdings den wie der Deckel zum Topf dazugehörenden speziellen und möglichst absoluten Korrosionsschutz mitentwickelt zu haben.

Sie hat bisher laufend Töpfe ohne Deckel fabriziert.

Ein derartiges Verhalten läßt sich nur durch Nichterkennen des Problems, der Unfähigkeit es zu lösen oder mit einem beabsichtigten Belassen der Situation erklären.

Es ist aber schlechterdings unmöglich, daß die PKW-Industrie die Notwendigkeit eines besseren Rostschutzes ihrer Produkte nicht erkannt hätte. Innerhalb der letzten 15 Jahre haben die Straßenbauämter ihre winterlichen Streusalzmengen auf das Zehnfache gesteigert. Hierdurch entstandene Karosserieschäden schätzt man auf etwa drei Milliarden DM pro Jahr.

Die alle zwei Jahre fälligen TÜV-Untersuchungen stellten bei älteren, d. h. vier und mehr Jahre alten Fahrzeugen ein Dominieren von Rostschäden aller Art fest. Aus dem Report des Technischen Überwachungsvereins, der billig bei allen KFZ-Prüfstellen erworben werden kann, lassen sich aus einer statistischen Aufstellung interessante Details herauslesen. Als wenig vom Rost betroffene Typen werden hier der Käfer, die Volvos und die DAFs festgestellt. Bei vielen anderen Marken, auch bei den so gediegen klingenden wie Daimler-Benz und BMW, treten relativ häufig entscheidende Korrosionsschäden auf. Diese sind um so gravierender zu werten, als es sich um Fahrzeuge handelt, deren Besitzer fast durchweg finanziell so gestellt sind, daß sie im Gegensatz zum Halter eines alten VW für eine einwandfreie Wartung und Pflege Sorge tragen lassen können.

Den Ergebnissen der TÜV-Statistiken müssen allerdings noch die Schäden zuaddiert werden, die in Form durchgerosteter Türen, angerosteter Steinschlagspuren und dergleichen zwar nicht die Funktion und Sicherheit des Fahrzeugs beeinflussen und deshalb den Technischen Überwachungsverein nicht interessieren, wohl aber das Aussehen und damit den momentanen Verkaufswert mindern.

Es ist also keine Frage: Zum Erkennen des Problems Korrosion wäre der KFZ-Industrie ausreichend Anlaß gegeben gewesen.

War nun die PKW-Industrie trotz eventueller Bemühungen nicht in der Lage, die Karosserien langlebiger zu gestalten?

Angesichts der Größe der Entwicklungslabors, die die KFZ-Industrie als Denkfabriken unterhält und bei Berücksichtigung des angeblichen Forschungseifers der dort Beschäftigten, fällt es schwer, den PKW-Herstellern hier Unfähigkeit vorwerfen zu können. Im Grunde genommen hätte es auch keiner sonderlichen wissenschaftlichen Anstrengung bedurft, sehr gut korrosionsgeschützte Karosserien auf den Markt zu bringen.

Schon im Alten Testament wird eine Methode beschrieben, nach der gut gegen korrodierende Nässe geschützt werden kann: Gott gab nämlich Noah den Rat, seine Arche von außen gut mit Pech und Teer einzupinseln. Es war jedoch ein langer Weg, bis sich dieses alte Verfahren vor wenigen Jahren erst und dann nur recht zögernd als Unterbodenschutz durchsetzte.

In Sachen Korrosionsschutz hätten sich die anscheinend wenig bibelfesten Herren Automobilbauer jedoch auch bei ihren Urgroßvätern orientieren können. Immerhin wußten die auch schon, daß normales und rostanfälliges Eisenblech für sehr lange Zeit gegen Korrosion geschützt werden kann, indem man es mit einer dünnen Zinkschicht überzieht. Aus diesem Grund wurden und werden Dachrinnen, Schubkarren, Nägel, Drahtzäune und andere der Witterung ausgesetzte Teile mit einem Zinküberzug versehen, der oft eine weitere Oberflächenbehandlung, z. B. eine Lackierung, überflüssig macht.

Auch bei den teuren Rolls-Royce-Fahrzeugen ist seit Jahrzehnten ein nahezu absoluter Rostschutz durch die Verwendung feuerverzinkter Feinbleche in den gefährdeten Bereichen der Karosserie, nämlich den Radkästen, Türschwellen, Türen usw. üblich. Selbst die Amerikaner, denen man gerne die Produktion unförmiger Wegwerfautos vorwirft, verwendeten schon im Jahre 1968 etwa 70 kg verzinktes Eisenblech pro PKW-Einheit und gegenwärtig sind ganze Bodengruppen mit diesem Rostschutz bei amerikanischen Fahrzeugen keine Seltenheit mehr. Und ganz selbstverständlich setzt die LKW- und Omnibusproduktion ihrer fachbezogenen und kritikbewußteren Käuferschicht wegen schon lange verzinkte Eisenbleche ein.

Im Gegensatz dazu bemühte sich die deutsche PKW-Industrie praktisch gar nicht um einen möglichst absoluten Rostschutz durch Zinkbehandlung ihrer Karosserien. Sie setzt zwar etliche kg Zink pro PKW-Einheit ein, doch dient ein Großteil dieser Menge lediglich der Herstellung von Bauteilen wie Scheibenwischermotoren, Vergasern, Lampengehäusen usw. Damit kommt nur ein verschwindend geringer Zinkanteil dem Korrosionsschutz der Blechkarosserie zugute. Das, obwohl die bisher gemachten Erfahrungen zeigen, daß keine der als so fortschrittlich gepriesenen Methoden der Karosserieblechbehandlung, wie Phosphatieren und elektrophoretische Lackierung, den Rost entscheidend verhindern konnten und können.

Ein der restlichen deutschen PKW-Industrie sicher äußerst unangenehmes Zeichen setzte die Firma Porsche, die seit Herbst 1975 die Aufbauten ihrer teuren Sportfahrzeuge aus verzinkten Blechen herstellt. Bisher zu den Firmen zählend, deren Produkte sich nach den TÜV-Berichten überdurchschnittlich rostempfindlich verhielten, kann Porsche jetzt ein Garantiezeit von 6 Jahren auf alle wesentlichen Karosserieteile einräumen.

Porsche hat dem Autokäufer bewiesen, daß rostfreie Karosserien von heute auf morgen machbar sind.

Die Verarbeitung von feuerverzinkten Blechen im Karosseriebau erfordert nämlich weder entscheidende Eingriffe in die herkömmlichen Fertigungsmethoden, noch einen wesentlichen Mehraufwand von Rohstoffen. Es können die bekannten Verfahren der Blechumformung, also Tiefziehen, Biegen usw., als auch die Blechverbindungsverfahren durch Punktschweißen beibehalten werden. Nach Aussage des Verbandsvorsitzenden der deutschen Feuerverzinker, Dr. Klaus Seppeler, kostet die Verwendung von feuerverzinkten Blechen pro PKW nur etwa DM 300,– mehr. Wer nur etwas Autoerfahrung hat, der weiß, in welch geringem Umfang man Karosserierostschäden für dieselbe Summe beheben lassen kann. Nach Auskunft von Dr. Seppeler zeigte die Mehrzahl der PKW-Hersteller trotzdem bisher kein Interesse an diesem zuverlässigen und simplen Rostschutz.

Wie dürftig die Argumente innerhalb der PKW-Industrie gegen die Verwendung von Zink als Korrosionsschutz sein können, zeigt folgende Äußerung eines verantwortlichen Ingenieurs eines PKW-Herstellers während einer Diskussion mit den Professoren einer Fachhochschule. Auf die Frage, warum die Firma ihre korrosionsanfälligen Karosserien nicht mit Zink schütze, meinte dieser: »Wenn alle PKW-Karosserien verzinkt würden, wäre der Werkstoff Zink bald erschöpft.«

Dem Mann war anscheinend nicht klar, daß mit dem Aufwand weniger Kilogramm Zink eine ganze PKW-Karosserie vom Gewicht einer Tonne vor dem Rosttod bewahrt werden könnte, deren Fertigung ihrerseits ja auch den Aufwand von ebenfalls immer beschränkter zur Verfügung stehenden Materialien wie Eisen, Kohle, teurer Legierungszusätze und schließlich auch knapper werdender Energie erfordert. Übrigens, wenn die PKW-Industrie schon in einem plötzlich aufwallenden Verantwortungsbewußtsein künftigen Generationen gegenüber mit immer seltener werdenden Rohstoffen zu sparen beabsichtigt, dann ließe sich das ohne funktionelle Einbuße am PKW zuerst mit dem Verzicht auf den albernen Chromzierat machen, denn Chrom gehört wie Zink zu den Werkstoffen, deren Weltvorräte zur Neige gehen.

Neben dem Einsatz von feuerverzinkten Blechen gibt es eine Reihe anderer Methoden zur weitgehenden Unterbindung von Rostschäden, von denen die PKW-Industrie hätte Gebrauch machen können.

So bieten sich Werkstoffe zur Gestaltung ganzer Karosserien oder besonders rostgefährdeter Partien an, die von vornherein gar nicht korrodieren. Im wesentlichen sind das Aluminium, nichtrostende Stähle und Kunststoffe. Insbesondere Aluminium eignet sich sehr gut für den Karosseriebau. Ein PKW aus diesem Werkstoff würde nur um etwa DM 350,– teurer werden als aus normalem rostgefährdeten Eisenblech. Es könnte dabei sogar auf jede Oberflächenbehandlung durch Grundieren und Lakkieren verzichtet werden, die sich sowohl beim neuen Fahrzeug als auch bei Reparaturfällen in hohen Kosten niederschlagen. Aluminiumkarosserien haben darüber hinaus den Vorteil, daß die Energieaufnahmefähigkeit pro Gewichtseinheit größer ist als die von Stahl. Das bedeutet eine Verbesserung der passiven Sicherheit des Fahrzeugs, weil die von der PKW-Industrie als so vorteilhaft angepriesenen Knautschzonen wirksamer würden. Auch läßt sich eine Schrottkarosserie aus Aluminium besser wiederverwerten, also leichter in das mit zunehmender Rohstoffknappheit unumgängliche Recycling einfügen.

Die Verfahren zur Herstellung von Aluminiumkarosserien sind bekannt. LKW-Aufbauten, Omnibuskarosserien und Sportwagen werden seit langem aus Aluminium hergestellt. Nicht zuletzt ist der Aufbau des jeder Tropenfeuchtigkeit trotzenden englischen »Landrovers« ebenfalls aus einer Aluminiumlegierung.

Eine weitere Methode, rostunempfindliche Karosserien zu bekommen, ist im Grunde genommen uralt. Vor der generellen Einführung selbsttragender Karosserien besaßen alle PKW einen Rahmen aus dickwandigen Stahlprofilen, auf den der eigentliche Wagenkörper aufgeschraubt wurde. Der Rost mußte hier schon recht lange nagen, bevor er zu ernsthaften Schäden führen konnte. Da früher offene oder wenigstens Profile mit nur kleinen Hohlräumen verwendet wurden, konnte das korrosionsbildende Spritzwasser auch rasch ablaufen und die von innen korrodierende Kondenswassermenge war gering. Das sind die wesentlichen Gründe dafür, warum die PKW-Typen der 170er Reihe von Daimler-Benz, die alten Hansa von Borgward, der P4 von Opel und viele andere mehr in einigen ganz entscheidenden Details eigentlich vorweggenommene Langzeitautos waren.

Es gibt nun Überlegungen – die selbstredend nur zum geringsten Teil aus den Kreisen der PKW-Hersteller selber stammen –, diese nicht abzustreitenden Vorteile der Rahmenbauweise auf moderne Art wieder zu nutzen. So entwarf, konstruierte und baute der dänische Ingenieur Ole Sommer, Besitzer einiger Verkaufs- und Servicestationen für Volvo, mehrere Langzeitautos mit räumlich angeordnetem Rahmen. Während nämlich bei den unverwüstlichen Autoverteranen der tragende Rahmen sich mehr oder weniger flächig in Wagenbodenhöhe ausbreitete, umgeben hier die dickwandigen Stahlprofile gitterartig die Kontur des gesamten Fahrzeugs. In das so entstehende Fachwerk, das in gleicher Weise schon beim Omnibus verwendet wird, werden Scheiben und Türen eingesetzt. Die äußere Verkleidung kann aus Kunststoffplatten oder Aluminiumblechen bestehen, die einfach aufgeklebt, aufgeschraubt oder aufgenietet werden. Fahrzeuge dieser Art haben schon mehr als 250000 km Fahrstrecke ohne Karosserieschäden hinter sich gebracht.

Wenn nun die PKW-Industrie trotz der ihr in vollem Umfang bekannten Milliardenschäden durch zu rasche Zerstörung von Karosserien durch Rost, ohne ihre wissenschaftliche Kapazität effektiver einzusetzen, wirksame und im Grunde genommen altbekannte Methoden zu Vermeidung von Korrosion negiert, dann kann dahinter nur Absicht stecken.

Solange die PKW-Hersteller nicht wohlbegründet das Gegenteil nachweisen können, darf behauptet werden, daß hier nach einem primitiven, aber hart und konsequent durchgesetzten Manager-Einmaleins durch Rost Umsatz geschaffen wurde. Und selbstverständlich noch wird. Daß es sich also bei dem so augenfällig mangelhaften Korrosionsschutz des gängigen PKW um ein wesentliches Detail einer wohlgeplanten Fehlkonstruktion handelt.

Angesichts dieser Methode wirken die Bemühungen des Autofahrers, den Wert seines Fahrzeugs zu erhalten, fast rührend. Die samstägliche Autowäsche und der Einsatz teuer erworbener rostverhindernder Mittelchen und rostüberdeckender Lacke nutzen nichts, wenn die Korrosion von innen nagt. Wenn das System faul ist, kann das der größte Pflegefleiß nicht annähernd ausgleichen.

15. Geringe Festigkeit

Der Umfang dieses Buches allein gebietet es, auch die Betrachtung der Festigkeit einzelner Bauteile im PKW auf nur ein, allerdings wesentliches, Beispiel zu beschränken.

Jeder PKW enthält eine ganze Menge sogenannter Wälzlager, von denen eine spezielle Sorte volkstümlich mit Kugellagern bezeichnet wird. Jedes Rad, die Getriebewellen und Zahnräder sind mit solchen Wälzlagern versehen.

Sind diese Lager zu knapp dimensioniert, so entstehen durch die im und am Fahrzeug wirkenden Kräfte zu hohe Werkstoffbeanspruchungen. Die Laufflächen dieser Lager bröckeln aus und weisen Beschädigungsspuren auf, die verkleinerten Erodierungen durch Spikesreifen auf Straßenoberflächen gleichen. Man nennt das Pittingbildung, die sich durch ein mahlendes Geräusch bemerkbar macht. Die Räder, die auf solchen Lagern laufen, »wackeln« und die Getriebewellen fluchten nicht mehr richtig zueinander; die Zahnräder greifen nicht mehr in der konstruktiv vorgesehenen und erforderlichen Weise ineinander ein. Dadurch treten sekundär erhebliche Verschleißerscheinungen an den Verzahnungen auf.

Die durch den vermehrten Verschleiß aus den Lagern und den Verzahnungen abbröckelnden Werkstoffteilchen werden vom Schmieröl an Stellen gebracht, wo sie weiteren Schaden anrichten. Vornehmlich dadurch, daß sie sich in weichere Werkstoffoberflächen eingraben und hier wie Schmirgelpapier wirken.

Der Konstrukteur richtet sich nun bei der Auswahl eines Wälzlagers nach Angaben des Wälzlagerherstellers. In Form von Tabellen, Diagrammen und einfachen Gleichungen sind hier Richtwerte zusammengefaßt, die es ermöglichen, das richtige Wälzlager in Abhängigkeit von der Art und Höhe seiner Beanspruchung und vor allem der beabsichtigten Lebensdauer auszusuchen.

Nach diesen Unterlagen sollen die in Personenwagen verwendeten Wälzlager eine Lebensdauer von nur 100000 km erhalten. Bei Lastkraftwagen und Omnibussen wird eine Lebensdauer von 300000 km eingeräumt. Bei Diesellokomotiven gilt als Richtwert eine Laufstrecke von 5 Millionen Kilometern.

Hier rangiert der PKW also eindeutig in der unteren Hälfte der Skala der von der KFZ-Industrie vorgesehenen Lebenserwartungen. Wie noch weiter festzustellen sein wird, völlig zu Unrecht, wenn natürlich auch nicht ohne Absicht. Ein Grund für die so offen dokumentierte Tendenz zur geringeren Haltbarkeit dieser wesentlichen Bauelemente eines PKW liegen sicher in der relativen Hilflosigkeit der PKW-Fahrer in technischen Belangen. In der Mehrzahl sind sie bar jeder detaillierten technischen Kenntnisse und dank intensiv rosig gefärbter Werbekampagnen der PKW-Industrie oft nicht zu einer realistischen Betrachtung ihrer Vehikel fähig. Es mag deshalb als Gnadenakt bezeichnet werden, daß die PKW-Hersteller dem teuer erworbenen Fahrzeug immerhin noch eine Laufstrecke von wenigstens 100000 km zugestehen. Der Besitzer eines LKW oder Omnibusses, technisch meist versierter, jedenfalls aber mit Sicherheit auf Rentabilität achtend, akzeptiert nur Fahrzeuge mit wesentlich höherer Kilometerleistung. Die größten Ansprüche an die Lebensdauererwartung stellen die Abnahmeingenieure der Bundesbahn, die, da sie oft selbst ursprünglich in der Branche tätig gewesen sind, sehr genau wissen, welch hohe Haltbarkeit der derzeitige technische Standard einem Fahrzeug gewähren kann.

Größere Wälzlager würden derselben Beanspruchung im PKW längere Zeit widerstehen und dem Fahrzeug eine größere Lebensdauer geben. Warum werden sie dann nicht grundsätzlich eingebaut, um dem damit ausgerüsteten Fahrzeug von vornherein eine rechnerische Laufstrecke von 300000 km oder mehr zu garantieren?

Man könnte nun der Meinung sein, daß größere und damit haltbarere Wälzlager Abmessungen, Gewicht und schließlich auch den Preis eines PKW in unzumutbarer Weise erhöhen würden. Ein Zahlenbeispiel soll verdeutlichen, daß dies keinesfalls der Fall ist.

Ein Wälzlager, das etwa in der Radlagerung eines PKW eingesetzt werden könnte, hat bei einer vorgesehenen Lebensdauer von 100000 km folgende Abmessungen: Innendurchmesser 25 mm, Außendurchmesser 52 mm und Breite 15 mm. Insgesamt gleicht es einer flachen Scheibe mit einem Gewicht von 130 Gramm. Um nun anstelle dieses kurzlebigen Wälzlagers eines zu verwenden, das die vierfache Lebensdauer, nämlich 400 000 km Fahrstrecke, aufweist, muß man nun keineswegs mit den vierfachen Abmessungen oder einem Vielfachen des Gewichtes rechnen. Die entsprechenden Unterlagen geben an, daß ein Wälzlager mit der oben genannten Lebenserwartung einen Innendurchmesser von ebenfalls 25 mm, einen Außendurchmesser von 62 mm (Zunahme gegenüber dem kurzlebigen Lager 19%) und eine Breite von 17 mm (Zunahme gegenüber dem kurzlebigen Lager 13%) haben muß. Das Gewicht erhöht sich auf 230 Gramm (Zunahme 76,9%).

Sehr geringe Vergrößerungen der Abmessungen vervielfachen die Lebensdauer. Weder die etwas größeren Abmessungen noch das vermehrte Gewicht des haltbaren Lagers stören dabei die Gesamtkonstruktion. Wenn die PKW-Hersteller trotz dieser Tatsache nicht die haltbareren Lager einbauen, ist es dann der Preis, der sie davon abhält?

Zweifellos ist ein schwereres Wälzlager teurer als ein leichteres. Dafür spricht allein schon der größere Werkstoffaufwand und der zur Fertigung erforderliche vermehrte Energieaufwand. Ganz sicher aber nimmt der Preis nicht im selben Maße des Gewichtes zu. Denn die aufzuwendenden Kosten für ein Wälzlager setzen sich aus einer Reihe von Einzelkosten zusammen, von denen nur die Werkstoff- und Energiekosten wesentlich von der Menge des verwendeten Werkstoffes abhängen. Die meisten der übrigen Kosten sind von der Größe des Wälzlagers unabhängig, etwa wie die Verwaltungskosten, Gemeinkosten, Vertriebskosten, Werbekosten usw.

Wenn sich also wie im vorliegenden Fall das Gewicht des langlebigen zu dem des kurzlebigen Lagers wie 220:130 = 1,76 verhält, so bedeutet das nicht, daß der Preis im selben Maße ansteigt. Laut Auskunft der Firma Schweinfurter Kugellager-Fabrik SKF betrug im Herbst 1975 der Preis für das kleine Lager DM 7,11, für das große Lager DM 10,21. Im vorliegenden Fall hätte durch einen Kostenmehreinsatz von nur 43% die Lebensdauer des Bauteils um 300% gesteigert werden können.

Was für das Wälzlager gilt, gilt in ganz ähnlicher Weise auch für nahezu alle anderen wesentlichen Teile in der Mechanik eines PKW. Da ein PKW nur zu einem geringen Teil aus zu verstärkenden Antriebsteilen besteht, schlägt der Kostenmehreinsatz natürlich mit den im oben beschriebenen Fall von 43% nicht durch. Fachleute schätzen die Mehrkosten des gesamten PKW zur Verdreifachung der Lebensdauer aller wesentlichen

Teile auf etwa 10%. Ein Mehraufwand, der vom PKW-Fahrer sicher gern akzeptiert würde. Fazit: ein geringer Kostenmehreinsatz erhöht die Lebensdauer um ein Vielfaches.

Wenn höhere Festigkeit, Zuverlässigkeit und Betriebssicherheit wesentlicher Teile eines PKW auf so einfache Weise vervielfacht werden können und die PKW-Hersteller trotzdem keine umfassenden Bemühungen in dieser Richtung anstellen, muß vermutet werden, daß die PKW-Industrie auch hiermit das Umsatzvolumen ihrer Produkte durch eine technisch nicht begründbar niedrige Lebensdauer anzuheben versucht.

Unnötig schwach gestaltete Lager, aber auch Gelenke, Zahnräder usw., die auf eine Fahrstrecke von nur wenig mehr als 100000 km ausgelegt sind, sind darum auch Details einer wohlgeplanten Fehlkonstruktion PKW.

16. Reparaturen

Die vorhergehenden Betrachtungen haben anhand von Exempeln darzustellen versucht, wie die im Grunde genommen simple Konstruktion eines PKW mit der bis zum Beweis des Gegenteils unterstellten Absicht der Umsatzsteigerung auf zu geringe Lebensdauer ausgelegt werden kann.

Nun lassen sich die einen PKW bildenden Bauteile nicht so bemessen, daß sie alle zur gleichen Zeit den Geist aufgeben. Sie tun das im Gegenteil in schöner Abwechslung über einen längeren Zeitraum hinweg, und die schon in seinen jungen Jahren beginnende Agonie eines PKW erfordert laufend Investitionen des Besitzers in Form von kostspieligen Ersatzteilen und teuren Reparaturarbeitsstunden. Was letztlich den Exitus auch nur um wenige Jahre verzögern kann.

Wenn nun schon die Erhaltung eines nur mäßig beanspruchten PKW häufig Eingriffe in sein Inneres erfordert, dann, so sollte man meinen, wäre es die verdammte Pflicht der PKW-Hersteller gewesen, dafür Sorge zu tragen, daß diese mit geringstem Aufwand vonstatten gehen. Mit geringstem Einsatz an Vorrichtungen und Werkzeugen, ohne besondere Körperkraft und Gewandtheit des Ausführenden.

Leider ist so ziemlich das Gegenteil der Fall. Grundsätzlich handelt es sich bei einem PKW um ein Produkt, dem bei der

Konstruktion vor allem Beachtung insoweit geschenkt wird, als es rasch auf dem Fließband zu montieren sein soll. Hier werden die einzelnen Baugruppen, Karosserie, Motor, Getriebe, Achsen usw. in einer für diesen einmaligen Montagevorgang günstigen Reihenfolge zusammengesetzt. Eine Reparatur am fertigen Fahrzeug erfordert jedoch die Demontage und Remontage derselben Baugruppen in einer völlig anderen und damit oft sehr ungünstigen Reihenfolge. Ungünstig deshalb, weil der Reparierende durch andere Baugruppen und Teile im Fahrzeug daran gehindert wird, unkompliziert, rasch und auch sorgfältig genug das zu erneuernde oder auszutauschende Teil aus- und einbauen oder auch nur behandeln zu können.

Oft genug müssen deshalb im Grunde genommen völlig unbeteiligte Baugruppen demontiert werden. Das erhöht ebenso unnötigerweise die Reparaturkosten, wie es den Einsatz von Sonderwerkzeugen und Spezialvorrichtungen verlangt.

Am Ein- und Ausbau des elektrischen Anlassers eines sehr gängigen PKW-Modells soll das exemplarisch betrachtet werden.

Wenn der Motor dieses PKW seine letzten Fließbandstationen erreicht, ist es keine Schwierigkeit, den Anlasser, einen relativ kleinen Gleichstrommotor also, zu montieren. Die Stelle, an der er einzubauen ist, liegt frei und in günstiger Arbeitshöhe vor dem Fließbandarbeiter. Dieser schiebt den Anlasser in die vorgesehene Bohrung des Motorflansches und verschraubt ihn dort mit zwei sehr gut zugänglichen Schrauben. Auf die gleiche Weise könnte der Anlasser auf dem Fließband auch wieder demontiert werden. Die Überlegungen des Konstrukteurs, den Motor so zu gestalten, daß der notwendige Anlassermotor auf dem Fließband mit geringem Aufwand zu montieren ist, haben also Früchte getragen.

Ganz anders sieht die Geschichte allerdings aus, wenn der Anlasser nach wenigen Jahren im Fahrzeug seinen Dienst versagt und zur Überholung oder zum Austausch ausgebaut werden muß. Die sich jetzt abspielende Tragödie ist es wert, detailliert beschrieben zu werden. Der Objektivität halber sollen dabei einige die Reparatur begleitenden und dem Hersteller des PKW zugedachten unangenehmen Gedanken weggelassen werden.

Das Fahrzeug muß vorn durch einen Wagenheber angehoben werden oder auf eine Montagegrube gefahren werden. Die Batterie wird abgeklemmt. Eine spezielle Beleuchtung muß angebracht werden, um den Arbeitsraum tief in den Eingeweiden des Motorraums zu erhellen. Das Anlasserkabel wird vom Anlasser abgelöst. Dazu ist eine Mutter mit Schlüsselweite 17 zu entfernen. Diese liegt direkt unter dem oft heißen Auspuffrohr, an dem man sich sehr leicht die Hände verbrennen kann.

Ein normaler Gabelschlüssel kann hier nur unter einem Winkel von 45 Grad angesetzt werden, da der Radkasten und der Befestigungsflansch des Luftfilters ein einwandfreies Hantieren mit dem Gabelschlüssel behindern. Der mögliche Ausschlag mit dem Gabelschlüssel beträgt trotzdem nur 30 Grad.

Das heißt, daß der Schlüssel nach jeder Teildrehung umgesetzt werden muß. Der Versuch, die Mutter mit einem gekröpften Ringschlüssel zu öffnen, scheitert, da die normale Ausführung zu lang ist. Besser bewährt sich beim dritten Versuch ein Steckschlüssel mit einer mittleren Verlängerung und einer darauf gesetzten Rätsche. Das hat letztlich aber den Nachteil, daß man nicht mit der erforderlichen Kraft die Rätsche betätigen kann, weil der Steckschlüssel von der Mutter wegknickt. Schließlich wird die Mutter doch mit dem Gabelschlüssel »aufgebettelt«.

Dann wird das Anlasserrelaiskabel entfernt. Dazu wird mit dem Schraubenzieher eine sehr kurze, recht kleine Schraube geöffnet. Sie ist der beengten Platzverhältnisse wegen nur durch die Schraubenzieherspitze allein zugänglich und fällt nach dem Lösen prompt nach unten weg, ohne daß man sie mit der Hand auffangen könnte.

Diese Vorgänge beschrieben bisher nur die Vorarbeiten. Im so erreichten 1. Stadium kriecht man unter das Fahrzeug und sucht in Dreck und Öl nach der unteren Schraube, mit der der Anlasser im Motorflansch befestigt ist und die weder von oben noch von der Seite her einfach erreichbar ist.

Hat man sie gefunden, so öffnet man sie mit einem 19er-Gabelschlüssel. Auch hier ist der Raum so beengt, daß ständiges und zeitraubendes Umsetzen des Schlüssels erforderlich ist. Mit einem Steckschlüssel kann nicht gearbeitet werden, da für die Rätsche kein Platz ist. Ist die Mutter der unteren Anlasserschraube gelüftet, so beginnt sich tückischerweise letztere mitzudrehen. Es handelt sich dabei unverständlicherweise um eine Innensechskantschraube. Man könnte sie mit einem gekröpften Sechskantschlüssel anhalten. Der genormte hat aber hier keinen Platz. Schließlich behilft man sich mit einigem Erfolg, indem man einen kräftigen Schraubenzieher zwischen den Kopf der Innensechskantschraube und den Motorflansch klemmt und so die Schraube am Mitdrehen hindert.

In ähnlicher Weise entfernt man die obere Verschraubung des Anlassermotors. Hierbei muß man zwar nicht unter dem Wagen arbeiten, dafür aber sehr weit in den Motorraum gebeugt dastehen. Eine kleingewachsene Person kann diese Arbeit nur mit Mühe ausführen. Übrigens ist auch hier alles räumlich so beengt, daß man einen normalen Gabelschlüssel noch nicht einmal umsetzen kann. Man behilft sich hier dadurch, daß man den Gabelschlüssel ohne Umsetzen hin- und herbewegt und eine Art Freilaufwirkung erzeugt, indem man nach der sehr kleinen Öffnungsbewegung den Kopf der Innensechskantschraube mit dem Schraubenzieherblatt festklemmt und bei der Rückwärtsdrehung des Gabelschlüssels wieder öffnet.

Hat man schließlich beide Verschraubungen geöffnet und die Schrauben zurückgezogen, so sackt der Anlasser nach unten weg und liegt auf dem Lenkgestänge auf. Um ihn nach oben aus dem Motorraum herausziehen zu können, muß das Schaltgestänge des automatischen Getriebes ausgehängt werden. Dann hebt man den Anlasser an. Dazu ist es erforderlich, den 11 kg schweren Anlasser mit nahezu flach ausgestrecktem Unterarm durch eine Art Kanal von 60 Zentimetern Länge zwischen Auspuffrohr, rechter Motoraufhängung, Heiz- und Kühlwasserschläuchen nach vorn durchzuziehen. Unterwegs muß man an einer bestimmten Stelle den Anlasser um 90 Grad verdrehen, da er sonst mit dem Einrückmagnetengehäuse in den Kühlwasserschläuchen hängen bleiben würde.

Es soll erspart bleiben, die Remontage mitzuerleben. Sie verläuft in ähnlich unangenehmer Weise und unter vollem Einsatz des Kunstkraftsportlers ab, der auch Automechaniker genannt wird. Besonders unerquicklich gestaltet sich hierbei das feste Anziehen der oberen Anlasserverschraubung – es ist hier bekanntlich kein Platz zum Umsetzen eines Gabelschlüssels. Man darf vermuten, daß die meisten Fahrzeuge dieses Typs hier mit lockerer Verschraubung umherfahren.

Fälle solcher unangenehmen Reparaturvorgänge gibt es ohne Zahl. Nicht umsonst fordert die Fachpresse ständig, die Reparaturfreundlichkeit der PKW zu verbessern. Selbstverständlich geht jeder unnötig komplizierte und damit langwierige Reparaturvorgang voll zu Lasten des Autobesitzers und bestätigt die Perfidität der PKW-Hersteller: Diese machen zwar von den arbeitsökonomischen Betrachtungen zur Steigerung der Produktivität ihrer Fließbandfertigung vollen Gebrauch, versäumen aber intensive Bemühungen um Reparaturvereinfachungen und schieben dadurch entstehende Schwierigkeiten bei der Erhaltung des Wagens an dessen Besitzer weiter.

Es besteht der Verdacht, daß auch hinter dieser Nachlässigkeit System steckt. Nichts ist auf die Dauer verdrießlicher und spornt mehr zu einem Autoneukauf an, als die auf den beschriebenen Effekt zurückzuführenden hohen Reparaturkosten.

Zur weiteren Illustrierung sollen noch einige andere und gar nicht so einsame Spitzen reparaturunfreundlicher Gestaltung beschrieben werden.

Bei einem bestimmten Fahrzeugtyp muß die ganze Vorderachse ausgebaut werden, bevor die Ölwanne des Motors entfernt werden kann. Das simple Erneuern einer Ölwannendichtung, der Austausch der Ölpumpe und ähnlich harmlose Reparaturen erfordern damit eine zusätzlichen und umständlichen Demontage- und Remontagevorgang.

Ein anderes Modell erfordert den Ausbau des ganzen Gebläses samt Luftleitblechen am luftgekühlten Motor, um an der Lichtmaschine, die ansonsten völlig frei und zugänglich daliegt, auch nur die Kollektorkohlen im Wert von DM 2,40 austauschen zu können.

Ein ganz spezielles Kapitel stellen Karosseriereparaturen dar. Wie schon weiter vorne betrachtet, bestehen PKW-Aufbauten aus einem Verband miteinander verschweißter Blechteile. Ist nur eines davon, z. B. der hintere Kotflügel, beschädigt, so wird es aus der Karosserie mit einem elektrischen oder Druckluftmeißel herausgetrennt. Das neue Ersatzteil wird eingepaßt und eingeschweißt. Die Schweißnähte werden dann sauber verschliffen. Unebenheiten werden durch Überspachteln ausgeglichen und ebenfalls überschliffen, mit einem sogenannten Füller, der die Poren der Spachtelmasse schließt, überzogen und schließlich lackiert.

Die ganze Aktion ist eine Reihenfolge von Arbeitsgängen, die nicht automatisiert werden können, die handwerkliches Geschick und Sorgfalt verlangen, und die, der einzelnen Wartezeiten zwischen den Arbeitsgängen wegen, sehr zeitraubend sind. Karosseriereparaturen dieser üblichen Art sind nur mit der Arbeit des Restaurators von wertvollen Gemälden alter Meister zu vergleichen.

Es ist keine Frage, daß es sich hierbei um eine recht altertümliche Reparaturtechnologie handelt, die durch die funktionell unsinnige, aber eben absichtlich leicht verletzlich gestaltete

Oberfläche eines PKW bedingt ist und mit der das Beseitigen einer harmlosen Beschädigung völlig unnötigerweise Hunderte von Mark erfordert.

So kostet das Reparieren einer die Funktion des Fahrzeugs nicht beeinflussenden Delle in der Seitenwand, wie sie ganz simpel durch etwas rücksichtsloses Öffnen der Tür des daneben stehenden PKW entstehen kann, so etwa DM 250,–. Um sich die Unsinnigkeit dieser Kosten im Verhältnis zu deren Nutzeffekt – es wird ja nur eine kleine verbogene Blechfläche wieder eben gemacht – vor Augen zu halten, vergleiche man spaßeshalber einmal, was man für dieses Geld alles sonst bekäme.

Für diese DM 250,– kann man sich ein erstklassiges Sportfahrrad mit fünf Gängen anschaffen. Dem bißchen geradegebogenen Blech stehen hier mehrere Kilogramm diffiziler Teile, Felgenbremsen, Leichtmetallfelgen, Beleuchtung mit Dynamo, gepolsterter Sattel und vieles andere gegenüber.

Für denselben Preis lassen sich acht Tage Urlaub mit Vollpension auf Mallorca, eingeschlossen ein dreistündiger Flug mit einem Düsenclipper und Bordverpflegung, Bustransfer zum Hotel, zauberhafte Nächte unter Palmen und Badespaß im blauen Mittelmeer, buchen.

Nicht zuletzt kann man für DM 250,– immer noch Besitzer eines unvergänglichen, im Wert ständig steigenden kleinen Stückchens Erdoberfläche von der Größe eines Wohnzimmers werden.

Und vor allem: um die DM 250,– aufbringen zu können und um damit ein kleines Stückchen Blech an dem technologisch überholten, schlampig konstruierten und gefertigten Gerät PKW wieder eben machen lassen zu können, muß ein Autobesitzer mit einem Nettostundenlohn von DM 10,– harte 25 Arbeitsstunden, also immerhin fast eine ganze Woche lang tätig sein.

Karosseriereparaturen könnten ohne sonderlichen Aufwand an Fachkenntnissen und speziellen Einrichtungen und damit billiger durchgeführt werden, wenn der Fahrzeugaufbau nach den Überlegungen das schon weiter vorn erwähnten Ingenieurs Ole Sommer gestaltet wäre. Bei diesem Langzeit-PKW-Konzept wird die beschädigte Blechpartie vom Gitterrohrrahmen entfernt und die neue aufgeklebt, aufgenietet oder aufgeschraubt. Besteht die Außenhaut aus Aluminiumblech, so entfällt sogar jede Lackierarbeit. Das erforderliche Blech kann in jeder Eisenwarenhandlung zum Quadratmeterpreis von DM 10,– gekauft und mit einer Haushaltsschere auf das erforderliche

Maß zugeschnitten werden.

Die so gemachten und noch seitenlang weiterzuführenden Betrachtungen müßten auch dem Unkritischsten klarmachen, mit welcher Unverfrorenheit die PKW-Industrie Produkte in die Welt setzt, deren besondere, aber vermeidbare Konzeption einen Erhaltungsaufwand erfordert, der in keinem Verhältnis zu seinem Effekt steht.

Auch hierin scheint sich deutlich wieder einmal ein gelungenes Detail der geplanten Fehlkonstruktion PKW und seines zugrunde gelegten Systems der Umsatzschaffung zu offenbaren: Der mit zunehmendem Alter des PKW anwachsende Reparaturumfang läßt auch den geduldigsten Fahrzeugbesitzer einen Neuwagenkauf aus »Wirtschaftlichkeitsgründen« bald angeraten erscheinen.

17. Reparaturkosten

Bekanntlich setzen sie sich zusammen aus den Preisen für die erforderlichen Ersatzteile und den Kosten, die die Werkstätten für die Arbeitsstunden ihrer Mechaniker berechnen. Letztere betragen zur Zeit rund DM 40,–. Davon erhält der Automechaniker selbst nur etwa DM 10,–. Der Rest von DM 30,– bleibt somit für Sozialkosten, Werkstattausstattung, Verwaltung und selbstverständlich auch für den Gewinn des Werkstattbesitzers übrig. Diese Stundenkosten sind enorm im Vergleich zu denen anderer Dienstleistungseinrichtungen und werden eigentlich nur noch durch Arzthonorare übertroffen.

Ingenieurbüros, die im Auftrage von Industriebetrieben konstruieren und entwickeln, verlangen für den Einsatz eines hochqualifizierten Ingenieurs einschließlich der von diesem benutzten Geräte wie Zeichenmaschine, Rechenanlage, Literatur usw. selten mehr als DM 35,–. Und immerhin wird hier doch Neues erdacht und nicht nur Altes wieder hergerichtet. Die Meisterstunde eines Hochschulinstituts wird mit etwa DM 20,– verrechnet, der Professor einer Fachhochschule ist für DM 38,– für nebenberufliche Tätigkeit zu haben.

Der Vergleich spricht für sich selbst. In den Werkstattstunden sitzt der Wurm. Bis zum Antritt des detaillierten Gegenbeweises, darf behauptet werden, daß die Spanne von DM 30,– für die oben erwähnten Gemeinkosten schlichtweg ungerechtfertigt ist.

Vielleicht könnten solche Stundensätze zwar keineswegs als angemessen, aber doch vom Zahlenden weniger schmerzlich empfunden werden, würden die anfallenden Reparaturen ihrem hohen Preis entsprechend zuverlässig behoben. Es steht jedoch leider fest, daß gerade das in einer Vielzahl von Werkstätten, auch bei solchen von sehr seriös klingenden Marken, bei weitem nicht der Fall ist.

Eine sicher recht objektive Methode zur Überprüfung der Ausführungsqualität von KFZ-Werkstätten ist ein in ähnlicher Weise schon von mehreren Zeitschriften ausgeführter Test. Bei einer derartigen, von der Zeitschrift »Stern« und vom ADAC durchgeführten Untersuchung wurde je ein VW Golf, Opel Kadett, Ford Taunus, Fiat 128, BMW 520 und Mercedes 200 zur Inspektion in die entsprechenden Vertragswerkstätten gebracht.

Vorher wurden den Fahrzeugen je zehn gleiche Mängel beigebracht: Zwei lockere Radmuttern am Hinterrad, zu geringer Bremsflüssigkeitsstand, durchgebrannte Bremslichtlampe, Vorderräder mit falschem Reifendruck, nicht angeschlossener Scheibenwischerschlauch, verstellter Scheinwerfer, verstellter Schließwinkel der Ventile des Motors, locker sitzender Keilriemen, zu geringer Batteriesäurestand und eine fehlende Manschette an einer Antriebswelle oder an der Lenkung.

Es handelte sich dabei um Alltagsfahrzeuge mit Alltagsschäden, von denen aber jeder einzelne die Sicherheit von Fahrer und Fahrzeug und natürlich die Zuverlässigkeit des PKW in Frage stellen konnte.

Um es vorwegzunehmen: das Ergebnis war niederschmetternd: Im Durchschnitt wurden von den Werkstätten nur 67% aller Schäden gefunden und behoben. Die 120 getesteten Werkstätten wurden nach Punkten bewertet. Mit 1620 Punkten führten die Fordwerkstätten. Dann folgten Daimler-Benz (1270 Punkte), Opel (1078 Punkte), Fiat (1012 Punkte), BMW (977 Punkte). Das Schlußlicht bildete VW mit ganzen 960 Punkten. Bei den VW-Werkstätten wurden auf den vielgepriesenen Diagnoseständen der Einfachheit halber Dinge als in Ordnung befunden, die es in Wirklichkeit gar nicht waren.

Für die 120 Inspektionen wurden insgesamt DM 18000,– bezahlt. Nachweislich entfielen davon allein DM 4000,– auf völlig unnötige Arbeiten und nicht erforderliche Ersatzteile. So wurden 53mal Zündkerzen gewechselt, 68mal Unterbrecherkontakte und 29mal Luftfilter erneuert, obwohl diese Teile sich in einwandfreiem Zustand befanden. Beim Abkassieren von überflüssigen Reparaturen führten die BMW-Werkstätten die Spitze an mit DM 975,– gefolgt von Daimler-Benz mit DM 946,–, VW mit DM 685,–, Ford mit DM 529,–, Fiat mit DM 490,– und schließlich Opel mit immerhin auch noch DM 330,–.

Die VDI-Nachrichten vom 21. 3. 1975 nannten das Ergebnis deprimierend, denn, so VDI (= Verband deutscher Ingenieure): Autofahrer, die ihre Wagen zur großen Inspektion bringen, müssen damit rechnen, daß dieser mangelhaft gewartet und repariert wird, weil nachlässig gearbeitet wird und die einfachsten Handgriffe nicht sitzen.

Daraus läßt sich nur folgern: Wenn schon die PKW-Reparaturbranche nicht fähig ist, Alltagsmängel exakt und zu gerechten Preisen zu beheben, um wieviel schlampiger und überteuert werden wohl erst komplizierte Schäden aufgefunden und behoben?

Wohl weniger für die autofahrende Öffentlichkeit gedacht, gibt die »unternehmerisch orientierte« Zeitschrift für die Bereiche der KFZ-Wirtschaft »Krafthand« darüber Auskunft, was KFZ-Reparierer von ihren Künsten halten. In jedem ihrer vierzehntägig erscheinenden Hefte wird unter der Spalte »zu Ende denken« ein »komplizierter« Reparaturfall beschrieben.

Diese jedem PKW-Besitzer unbedingt zu empfehlende Lektüre macht von Mal zu Mal klarer, wie herzlich wenig anscheinend in den Reparaturwerkstätten tatsächlich zu Ende gedacht, wieviel mehr oder weniger probiert wird und dem Zufall überlassen bleibt. Und das trotz angeblicher verbesserter Ausbildungs- und Arbeitsmethoden im KFZ-Handwerk, trotz immer umfangreicher werdender Werkstatteinrichtung und teurer Diagnosestände. Und das natürlich immer alles voll zu Lasten des Autobesitzers.

Es wäre nun zu einfach, dieses Versagen dem KFZ-Handwerk allein ankreiden zu wollen. In Wirklichkeit trägt die wesentlichste Schuld an der Misere die PKW-Industrie. Ständiger Modellwechsel, mit dem Ziel der künstlichen Alterung des vorhergehenden Modells, zu große Typenvielfalt im Bestreben, jede scheinbare Marktlücke zu füllen, umsatzvermehrende Ausstattung mit funktionell unnötigen und empfindlichen Zusatzaggregaten und schließlich die wenig reparaturfreundliche Gestaltung sind es letztlich, die die Reparaturbetriebe und deren Angestellte überfordern.

In deren eigenem Interesse und dem einer wachsenden Kundenschar, deren kritiklose Autobegeisterung glücklicherweise von Jahr zu Jahr nachläßt und die immer weniger gern bereit ist, für einfache Reparaturvorgänge etliche Hunderter liegen zu lassen, sollte sie gegen die eindeutigen Machenschaften der PKW-Hersteller Sturm laufen.

Die andere breite Spalte der Reparaturrechnungen füllen die Ersatzteilkosten. Keine Frage, daß auch hier die Automobilbranche herausholt, was der Markt gerade noch hergibt.

Dazu folgende Beispiele: Das Lenkgetriebe für einen Kombi fertigt ein Zulieferant und berechnet dafür etwa DM 60,–.

Schon in der nur 500 m von der Produktionsstätte entfernten nächstgelegenen Autowerkstatt muß der Kunde, also der Besitzer eines jener Kombi mit einem Lenkungsschaden, dafür DM 328,– auf den Tisch legen. Die Differenz spricht für sich. Ähnliche unglaubliche Aufschläge von mehreren Hundert Prozent finden sich selbstverständlich auch bei anderen Ersatzteilen. So kostet z. B. der grundierte Kotflügel eines PKW DM 180,–. Der Materialwert dieses Teils liegt bei etwa DM 7,–. Die Fertigung erfordert zwei simple und automatisierte Fertigungsvorgänge. Mithin belaufen sich die Gestehungskosten auf höchstens DM 25,–. Wie überteuert die Ersatzteilkosten im Vergleich zu den ja nicht geringen Anschaffungskosten eines PKW selbst sind, zeigt folgende Überlegung: Setzt man im oben genannten Beispiel für die übrigen Blechteile ähnliche Preise an, dann würde die unlakkierte und noch nicht einmal zusammengesetzte Karosserie, also ohne Innenausstattung, Elektrik, Motor, Getriebe, Reifen, Bremsen usw., immerhin stolze DM 14000,– kosten. Der Preis des fertigen Fahrzeugs beläuft sich dagegen auf nur DM 9000,–.

Solche Differenzen zwischen Wert und Preis von Ersatzteilen lassen sich nicht durch Lagerkosten, Gemeinkosten, Transportkosten und ähnliche erklären. Sie erregen den Verdacht einer wohlüberlegten Geldmacherei aus der Situation des relativ wehrlosen Besitzers eines reparaturbedürftigen Fahrzeugs. In seiner leichtfertig eingegangenen Abhängigkeit vom PKW muß er für dessen Funktionserhaltung teuer bezahlen.

An dieser Stelle müssen noch einmal die Autos des dänischen Ingenieurs Ole Sommer erwähnt werden. Der im wesentlichen blech- oder kunststoffbeplankte Gitterrohrrahmen verleiht ihnen sicher nicht gerade das schicke Äußere, das den von der PKW-Industrie andressierten spießbürgerlichen Vorstellungen entspricht. Aber außer der Korrosionsbeständigkeit hat diese

Bauweise den Vorteil, daß hier Normstahlbauteile verwendet werden, die von der Preiswillkür der PKW-Hersteller unabhängig machen.

So muß ein eingedrückter Türschweller nicht als Originalersatzteil des PKW-Herstellers XY zu einem Phantasiepreis von DM 95,– erstanden werden, sondern ist als simples Vierkantrohr für DM 5,– in jeder Eisenwarenhandlung erhältlich und kann darüber hinaus von jedem Schlosser ausgetauscht werden.

Beutelschneiderei von besonders gemeiner Art muß sich oft zusätzlich der in der Regel technisch unerfahrene Autofahrer gefallen lassen. Dies geht aus der Veröffentlichung eines KFZ-Sachverständigen in der schon oben erwähnten Zeitschrift »Krafthand« hervor. Dessen Beitrag warnt die KFZ-Branche in ihrem eigenen Interesse vor besonders ungerechtfertigten Ersatzteilpreisen mit folgenden Beispielen: In einem Fall wurde der Preis für eine erneuerte Ölfilterpatrone anstatt mit dem allgemein üblichen Kundenverkaufspreis von DM 7,– mit DM 10,– in Rechnung gesetzt. Das sind 43 % zuviel. Noch drastischer aber ist ein anderer Fall. Da wurden für die Erneuerung von zwei Stoßdämpfern, deren Originalteilstückpreis DM 45,30 beträgt, ganze DM 112,– in Rechnung gestellt. Das ist das zweieinhalbfache des Kundenverkaufspreises.

Letztlich bildet die Summe aller Reparaturkosten den vom KFZ-Reparaturgewerbe erwirtschafteten Anteil am Bruttosozialprodukt, dessen Höhe als Maßstab für die Leistungsfähigkeit eines Wirtschaftssystems gilt. Entsprechend den oben gemachten Feststellungen sind darin jedoch Beträge enthalten, die nur aufgrund wenig reparaturfreundlich gestalteter PKW-Konstruktionen entstehen, die ihre Ursache in ungerechtfertigt hohen Preisen haben und die für gar nicht ausgeführte Arbeiten erhoben werden. Dazu zählen noch Kosten für Instandsetzungen, die ihren Grund in der Schlampigkeit vorausgegangener Wartungsarbeiten und Reparaturen haben. Somit besteht ein nicht geringer Anteil des vom KFZ-Handwerk erwirtschafteten Sozialprodukts in Scheinleistungen. In Leistungen also, die nicht innovierend und damit nicht stimulierend auf die Volkswirtschaft einwirken können und die sie sich deshalb auf die Dauer nicht leisten kann.

Ganz abgesehen davon, daß der einzelne Autofahrer sie zuerst sehr teuer begleichen muß.

18. Umständliche Bedienung

Wie wenig kompliziert im Grunde genommen Individualverkehr sein kann, zeigt die Benutzung eines Lifts. Ein einziger Knopfdruck genügt und er befördert uns ganz exakt zum gewünschten Ziel, wobei er noch die Freundlichkeit hat, die Tür hinter uns zu schließen und wieder aufzumachen. Während der Fahrt selbst bleiben wir uns allein überlassen. Wir könnten unterdessen lesen, angeregt plaudern oder auch nur ausruhen. Keine Frage, daß ein dreijähriges Kind oder ein zerstreuter Professor sich dieses Individualverkehrsmittels ohne Gefährdung seiner selbst oder anderer Personen bedienen kann.

Nichts von alledem bei der Benutzung des Individualverkehrsmittels PKW und sei es auch nur für die kürzeste Strecke. Ein PKW ist eines der umständlichst zu bedienenden Transportmittel und dürfte darin nur von einem Hubschrauber, einem U-Boot oder einer Weltraumkapsel übertroffen werden. Schon die Inbetriebnahme, das Anlassen, erfordert eine Reihe von Handhabungen, die in einer vorgeschriebenen Reihenfolge und mit einer diffizilen Kombination von Präzision und Intuition ausgeführt werden wollen.

Das ist uns schon so zur lästigen Gewohnheit geworden, daß gar nicht mehr auffällt, mit welch fürsorgerischem Aufwand man einen PKW-Motor erst zum Laufen bringen muß. Je nach Witterung und anderen Umständen sind hierfür der Leerlauf einzulegen, eventuell die Kupplung zu treten, Choke zu ziehen und in einer bestimmten, von Mal zu Mal anderen, aber immer individuellen Stellung zu belassen, das Gaspedal zu treten, nicht zu weit und nicht zu gering natürlich, dann den Zündschlüssel zu drehen und damit den Anlasser zu betätigen. Dabei muß dann entweder Gas weggenommen, manchmal auch zugegeben werden, und vor allem der Choke langsam zurückgeschoben werden. Es ist teilweise angeraten, mit dem Gaspedal zu wippen, oft aber auch nicht, denn der mühsam zum Orgeln gebrachte Motor bliebe dann mit einem Grunzton stehen. Auch hängt die Anlasserlaufzeit davon ab, ob es sich um einen Diesel- oder Ottomotor handelt.

Das Mißglücken des Versuchs der PKW-Industrie, diese Prozedur einfacher zu gestalten, dokumentiert sich in einer Reihe von Veröffentlichungen, die recht detailliert das Außerbetriebsetzen und den Ausbau von automatischen Startanlagen beschreiben.

Während der Fahrt aber wird der Mensch erst recht und endgültig zum Dompteur der Primitivmaschine PKW. Er ist gezwungen, höchst interessiert in sie hineinzuhorchen und zu erfühlen, ob beispielsweise die Kupplung richtig betätigt wird und wann das liebe Motorchen mittels bestimmter Geräusche und Vibrationen kund tut, ob ihm ein anderer Gang oder eine andere Drehzahl lieber wäre.

Unterdes richtet der autofahrende Mensch natürlich heftiges Augenmerk auf seine rasch an ihm vorbeiziehende Umwelt und trifft in gebotenener Eile kurzfristige Entscheidungen über Leben und Tod seiner selbst und anderer, an seinem Fortbewegungsdrang per Auto oft völlig uninteressierten Menschen und nicht zuletzt auch über die Unversehrtheit seiner und anderer Leute Besitz. Den morgendlichen Gazetten ist zu entnehmen, daß ihm das nicht immer zur vollen Zufriedenheit aller Beteiligten gelingt.

Nach relativ geglückter Fahrt ist selbst noch das Außerbetriebsetzen, das Ver- und Hinterlassen seines »modernen« Beförderungsmittels PKW ein Vorgang, der ebenfalls eine Reihe von umständlichen Handhabungen erfordert.

Schon allein der Zwang zur ständigen Auseinandersetzung mit der Maschine bei der Benutzung des Horizontalförderers PKW hätte für eine wirklich fortschrittlich tendierende Industriegesellschaft Grund genug sein müssen, den PKW dort, wo es nur irgend möglich ist, auszumerzen und durch sinnvollere Individualverkehrssysteme zu ersetzen.

Es ist widersinnig, wenn wir uns als Bewohner eines Landes mit weitreichenden technischen Möglichkeiten recht feinsinniger Geräte bedienen, die uns nicht allein körperliche, sondern vielfältig auch geistige Arbeit ersparen, um uns die Zeit zu geben, wesentlicheren Arbeiten und Problemlösungen nachgehen zu können, und uns auf der anderen Seite während eines einfachen Transportvorgangs unserer 75 kg Lebensgewicht stundenlang mit diesem technischen Trampel von PKW abgeben müssen. Gegenüber dem PKW ist jede Waschmaschine ein geistiger Heroe, vermag sie doch neben ihrer mechanischen Arbeit noch Entscheidungen über Wassertemperatur, Zulaufmenge, Kochzeiten, Schleuderzeiten, Abruftermine für Waschpulver und dergleichen zu treffen.

Der Dorfdepp PKW ist dagegen nicht zur geringsten Denkleistung fähig: Er vermag sich, wie schon festgestellt, noch nicht einmal auf einfachen Knopfdruck hin in Bewegung zu setzen, geschweige denn in der richtigen Weise in Gang zu halten. Aus purer Idiotie würde er Selbstmord durch Überdrehen seines Motors begehen, wenn man ihn nicht energisch davon zurückhielte. Einem schwer Betrunkenen gleich muß er ständig geführt und daran gehindert werden, links oder rechts von der Fahrbahn herunterzufallen. Einem sprachunfähigen Kretin ähnlich, der weder für seine Ernährung noch für seine Notdurft sorgen kann, blinkert er dem Fahrer durch seine Instrumentenaugen den Zustand seines Innenlebens in Form von Öldruck, Wassertemperatur, Drehzahlhöhe und Batterieladezustand zu, auf daß dieser sich gefälligst darauf einzustellen und das Nötige zu veranlassen habe.

Die von so manchem Autofahrer so gern zugegebene Vorliebe für diesen übriggebliebenen hirnlosen Saurier vergangener technischer Zeitalter kann deshalb nur als eine besondere Abart sodomischer Neigungen betrachtet werden.

Es ist kein Fortbewegungsmittel bekannt, für das seine Hersteller so sehr Anspruch darauf erheben, Jedermannverkehrsmittel zu sein, und dessen Funktion trotzdem in so komplizierter Weise und schon deshalb gar nicht von jedermann beherrschbar durch unaufhörliches Drehen und Zerren an und Trampeln auf irgendwelchen Bedienungshebeln gesteuert werden muß.

Die Bedienungsmängel des PKW werden leider nicht nur als unabwendbar hingenommen, sondern stellen für die autoverbrauchende Öffentlichkeit häufig genug sogar den Stand der Technik dar. Diese Auffassung wird natürlich bestärkt durch den täglichen Anblick Hunderter oder Tausender solcherart ausgeführter PKW, von denen jeder einzelne den Scheinbeweis einer Funktionserfüllung darstellt.

Auch beim technisch Versierten gilt deshalb der Vorgang des alle paar Augenblicke vom Fahrer auszuführenden Gangwechsels oder Schaltens als technische Norm und nicht, was der Realität mehr entsprechen würde, als eine dumme, primitive, der Fahrsicherheit und der Bequemlichkeit abträgliche Uraltmethode der Anpassung des Betriebszustandes des Motors an den des Fahrzeugs.

Dieser und eine Reihe anderer eklatanter Bedienungsmängel rufen deshalb keinerlei lautstarke Kritik hervor, was ganz im Sinne der Automobilproduzenten liegt, erfahren diese doch eine zusätzliche Umsatzbelebung aus all den Schäden, die auf die zahlreich möglichen Fehler beim Handhaben der mit schwerwiegenden Bedienungsmängeln behafteten Apparatur PKW zurückzuführen sind. Eingeschlossen die Bedienungsfehler, die zu grauenhaften Unfällen führen.

Es scheint erforderlich, einige der besonders rückständigen und mit dem gegenwärtigen Stand der Technik nicht mehr zu vereinbarenden Eigenschaften der Handhabung eines PKW zu betrachten. Wie schon oben angedeutet, ist eines der hierbei hervorstechenden negativen Merkmale der altväterliche Gangwechsel, volkstümlicher mit »Schalten« bezeichnet.

Letztlich ist er darauf zurückzuführen, daß die in einem PKW eingebaute Verbrennungskraftmaschine für ihren Zweck eigentlich recht ungeeignet ist. Den Patriarchen des Autobaus stand jedoch zur damaligen Zeit, also Ende des vergangenen Jahrhunderts, kein geeigneteres Antriebsgerät zur Verfügung, mit dem sie ihre Fahrmaschinen hätten selbstbeweglich machen können. Also griffen sie auf den Verbrennungsmotor zurück, der damals schon seit etlichen Jahren für stationäre Einsatzzwecke entwickelt war und Mühlen, Steinbrechmaschinen, Werkzugmaschinen und ähnliches antrieb.

Seine Arbeitsweise glich dabei dem der damals schon konventionellen Dampfmaschine. Dabei wurde ihm im wesentlichen eine gleichmäßige Leistung bei etwa konstanter Drehzahl abverlangt.

Als ihn die ersten Autobauer in ihre kutschenähnlichen Fahrzeuge setzten, wurde der Verbrennungsmotor dadurch nicht nur ortsbeweglich, sondern es änderte sich auch sein Betriebshabitus. Obwohl von Grund aus dafür gar nicht geeignet, wurde ihm nun plötzlich heftig wechselnde Antriebsleistung bei unterschiedlichsten Drehzahlen abverlangt. Und erst eine Reihe von technischen »Krücken« ermöglichten ihm das »Laufen« in einem Auto.

Obwohl vom technischen Fortschritt längst überholt und auf anderen Antriebsgebieten längst vergessen, haben sich diese Krücken, die in Arbeitsweise und Gestaltung ganz typisch für das ausgehende 19. Jahrhundert sind, beim PKW bis heute erhalten.

Eine dieser Krücken ist die Kupplung, deren technologische Rückständigkeit schon besprochen wurde. Ein andere ist das Schaltgetriebe. Welche Aufgabe erfüllt es? Jeder Autofahrer weiß, daß er die Fahrgeschwindigkeit seines Vehikels regulieren kann, indem er über das Gaspedal die Drehzahl des Motors vergrößert oder verkleinert. Eine besonders nachteilige Antriebseigenschaft eines jeden Verbrennungsmotors ist nun, daß er bei niedriger Drehzahl auch nur eine kleine Leistung abgibt. Wären die angetriebenen Räder des PKW unveränderlich starr mit dem treibenden Motor gekoppelt, so würde das bedeuten, daß zwar bei hohen Fahrgeschwindigkeiten eine relativ große, bei kleinen Fahrgeschwindigkeiten aber nur eine kleine Motorleistung zur Verfügung stünde.

Gerade aber im Bereich kleiner Fahrgeschwindigkeiten soll nun auf Wunsch des Fahrers auch eine hohe Leistung des Motors zur Verfügung stehen, wie sie etwa zum raschen Beschleunigen oder zum Anfahren am Berg gebraucht wird. Der Autokonstrukteur ist deshalb gezwungen, irgendeine Vorrichtung vorzusehen, die es ermöglicht, auch bei kleinen Fahrgeschwindigkeiten den Motor mit großer Drehzahl und damit großer Leistung zu betreiben. Diese Vorrichtung besteht im üblichen Primitivfall aus zwei ineinandergreifenden Zahnrädern, einer sogenannten Übersetzungsstufe, die zwischen Motor und angetriebenen Rädern eingebaut wird. Eine einzige Untersetzungstufe reicht nun bei einem normalen PKW nicht aus, da dessen höchste Fahrgeschwindigkeit durch die größtmögliche Motordrehzahl beschränkt wäre und bei recht kleinen Werten, vielleicht bei 30 bis 40 km/h liegen würde.

Um den gesamten Geschwindigkeitsbereich eines PKW überstreichen zu können, benötigt man deshalb mehrere solcher Untersetzungsstufen oder Gänge, meist 3 bis 5, die in einem Schaltgetriebe zusammengefaßt sind. Dieses Schaltgetriebe will nun den wechselnden Fahrgeschwindigkeiten und der jeweiligen Verkehrssituation entsprechend bedient werden. Im Normalfall werden die einzelnen Gänge von Hand gewechselt. Dazu ist der Fahrer gezwungen, auch in kritischen Verkehrssituationen eine Hand vom Lenkrad zu lösen, blind nach dem Schalthebel zu suchen und ihn mit nicht unerheblichem Kraftaufwand mit einer vorgegebenen Geschwindigkeit in eine bestimmte Richtung zu bewegen. Der Vorgang läuft darüber hinaus nur dann einwandfrei und bei größtmöglicher Schonung der Antriebselemente ab, wenn parallel dazu die Kupplung mit dem linken Fuß zu einem ganz bestimmten Zeitpunkt und mit einer vorbemessenen Geschwindigkeit betätigt wird und kurzzeitig das Schaltgetriebe vom Motor trennt.

Je nachdem, ob ein »höherer« oder »niedrigerer« Gang geschaltet wird, muß dazu noch über das Gaspedal die Motordrehzahl leicht nach oben oder nach unten reguliert werden.

Dieser ganze Schaltvorgang – nämlich Kupplungspedal mit

dem linken Fuß treten, mit dem rechten Fuß Gaspedal verstellen, mit der rechten Hand Schalthebel betätigen – erfordert einen Komplex von gleichzeitigen und zeitlich versetzten Bewegungsspielen dreier Körperextremitäten. Alle Bewegungen müssen dabei mit der richtigen Geschwindigkeit, mit exaktem Betätigungsweg und in der richtigen Richtung ausgeführt werden. Das kann nur während vieler Übungsstunden in den Fahrschulen oberflächlich antrainiert und während weiteren Hunderten von Stunden Fahrpraxis verfeinert werden.

Erschwerend kommt hinzu, daß sich dieses Bewegungsspiel den unterschiedlichen Betriebszuständen des Fahrzeugs – warmer oder kalter Motor, große oder kleine Fahrgeschwindigkeit, neues oder altes Fahrzeug usw. – anzupassen hat. Ganz davon abgesehen, daß jeder Fahrzeugtyp ihm eigentümliche Betätigungscharakteristiken aufweist. Dieser ganze komplizierte Schaltvorgang muß nun zu einem bestimmten Zeitpunkt ausgelöst werden. Wenn das Fahrzeug zum Beispiel eine Steigung zunehmender Steilheit befährt, so muß der Fahrer den Geschwindigkeitszustand des Fahrzeugs und den Betriebszustand des Motors anhand von Beobachtungen bzw. Geräuschen analysieren und danach die Entscheidung zum Gangwechsel treffen.

Das Beherrschen dieser Vorgänge bezeichnet man wohl mit »gefühlvollem Schalten« und besonders Ungehemmte scheuten sich nicht, den Vollkommenheitsgrad dieser einem Affen anlernbaren Koordinationsfähigkeit verschiedener Körperbewegungen zur Beurteilungsgrundlage eines Menschen zu machen.

Es gibt nun durchaus Autofahrer, denen diese in jedem Falle die Fahrsicherheit verringernde Auseinandersetzung mit der Maschine Spaß macht. Pathologische Untersuchungen haben sich dieser seltsamen Freude an der Betätigung technischer Geräte angenommen und sie als Maschinenlust definiert. Sie hat bestimmte Gesetzmäßigkeiten. Dazu gehört, daß sie bei Menschen in besonderem Umfang feststellbar ist, die für relativ unreflektierendes Verhalten und motorische Bewegungsabläufe prädestiniert sind.

Der Automobilindustrie ist nun der »Verdienst« zuzuschreiben, dieses Relikt des umständlichen Gangwechsels aus der Entstehungsgeschichte des Autofahrens in die Jetztzeit herübergerettet zu haben. Oder: das was sich die ersten Autobauer für wenige ihrer Bastelobjekte in der Not ihrer Beschränktheit in Wissen und Mitteln ausgedacht haben, wagt die KFZ-Industrie ganze achtzig Jahre später in Millionenstückzahlen dem Kraftfahrer immer wieder neu vorzusetzen.

Schon Henry Ford hat erkannt, daß ein Jedermannauto auch von jedermann simpel zu bedienen sein muß. Beim legendären Ford T geschah deshalb der Gangwechsel durch einfaches Niedertreten eines Pedals. Es zeugt von der schizophrenen Denkstruktur der Automobilindustrie, daß sie zwar den Anspruch des Henry Ford, Jedermann-Verkehrsmittel zu bauen, keineswegs aufgegeben hat, dafür aber dessen simplen Schaltvorgang zugunsten eines sehr häufig erforderlichen, umständlicheren und nur von wenigen Autofahrern voll beherrschten Gangwechsels ausgetauscht hat.

Und dabei bietet die moderne Technologie eine Reihe von Möglichkeiten, dem Autofahrer den Unsinn des Gangwechselns zu ersparen.

Eine sehr fortschrittliche Methode der Anpassung der Motordrehzahl an die Fahrgeschwindigkeit betreibt die holländische Firma DAF. Sie beruht übrigens auf fünfzig Jahre alten Patenten. Hierbei laufen Keilriemen auf Scheiben, die ihren wirksamen Durchmesser und damit die Untersetzungsstufe in Abhängigkeit vom Fahrzustand und stufenlos zu verändern gestatten.

Schaltautomaten können wahlweise praktisch in alle PKW eingebaut werden. Es handelt sich dabei im Grunde genommen um Schaltgetriebe fast herkömmlicher Bauart mit wenigen Untersetzungsstufen, die aber automatisch und abhängig vom Fahrzustand geschaltet werden.

Der Nachteil des DAF-Getriebes und der Schaltautomaten ist, daß der Bereich bzw. die Anzahl der Untersetzungsstufen zu klein sind, um jeder denkbaren Motordrehzahl eine beliebige Fahrgeschwindigkeit zuzuordnen. Außerdem geht der Anfahrvorgang über eine Kupplung nach der schon in vorhergehenden Kapiteln beschriebenen, nicht gerade sehr glücklichen Art vonstatten.

Die mit Abstand beste Lösung bietet das sogenannte hydrostatische Getriebe. Bei der Besprechung der Kupplung wurde es als überlegenes Anfahrsystem beschrieben. Diese Betrachtung soll hier weitergeführt werden. Verstellt man nämlich die Exzentrizität der in der Abbildung 3 dargestellten Ölpumpe, so fördert sie mehr Öl in Richtung zum Ölmotor, obwohl die Drehzahl des die Pumpe antreibenden Verbrennungsmotors sich nicht ändert. Um die größere ihm angebotene Ölmenge annehmen zu können, muß der Ölmotor sich entsprechend rascher drehen. Das tun im selben Maße die mit dem Ölmotor verbundenen angetriebenen Räder des Fahrzeugs, was letzten Endes eine Vergrößerung der Fahrgeschwindigkeit bedeutet. Verändert man jetzt noch zusätzlich die Drehzahl des Verbrennungsmotors mit der dadurch angetriebenen Ölpumpe, dann kann man in weitem Bereich beliebige Verhältnisse zwischen Motordrehzahl und Fahrgeschwindigkeit einstellen. Man hat die Möglichkeit, jedem Fahrzustand des Fahrzeugs einen wünschenswert erscheinenden Betriebszustand des Motors zuzuordnen, wobei der Wechsel der Zuordnung rasch und einfach vonstatten gehen kann.

Schema eines hydrostatischen Getriebes als unendlichstufiges Getriebe (Wandler) im PKW

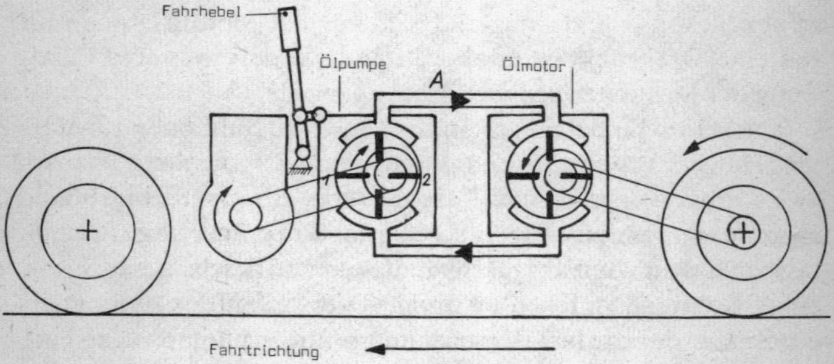

Abb. 3 Vorwärtsfahrt mit konstanter Fahrgeschwindigkeit: Fahrhebel nach vorn geschoben

Anstelle eines Gashebels, einer Kupplung und eines Schalthebels benötigt man nur noch eine Art Fahrpedal. Wird dies nach vorn gedrückt, setzt sich das Fahrzug in Bewegung. Je weiter es verstellt wird, um so heftiger beschleunigt das Fahrzeug oder um so rascher fährt es.

Die Funktions- und Bedienungsvorteile hydrostatischer Getriebe im Vergleich zu den herkömmlichen sind der Grund für ihren ständig sich vermehrenden Einsatz in Bau-, landwirtschaftlichen und Industriefahrzeugen.

Durch die Möglichkeit, jede Fahrgeschwindigkeit des Fahrzeugs einer beliebigen Motordrehzahl zuzuordnen, wird der Verbrennungsmotor wieder auf seine ursprüngliche Einsatzform zurückgeführt.

Warum ist das so wichtig? Jeder Verbrennungsmotor gibt nur bei einer bestimmten und von konstruktiven Einzelheiten abhängigen Drehzahl seine Leistungen unter günstigsten Bedingungen ab. So liegt zum Beispiel die Drehzahl, bei der der Motor den Treibstoff am besten und mit geringen Verlusten in Bewegungsenergie umsetzt, bei etwa 60% der erreichbaren Höchstdrehzahl. Darunter und darüber nimmt der Treibstoffverbrauch mehr zu, als dadurch Fortbewegungsenergie erzeugt wird. Der Wirkungsgrad sinkt. Ein hydrostatisches Getriebe ermöglicht es nun, den Verbrennungsmotor ständig bei dieser günstigen Drehzahl zu betreiben. Gute Treibstoffausnutzung geht mit geringer Schadstofferzeugung Hand in Hand, hierbei wird also auch die Umwelt geschont. Nicht zuletzt kann ein mit konstanter Drehzahl betriebener Motor viel besser geräuschisoliert werden, als ein über einen weiten Drehzahlbereich betriebener Motor. Schmierung und Kühlung des Motors können auf die eine Drehzahl besser abgestimmt werden, was eine Erhöhung der Motorlebensdauer ergeben würde.

Konstante Drehzahl vereinfacht auch die Methoden zur Verringerung der Auspuff- und Ansauggeräusche.

Es gibt hydrostatische Fahrantriebe, die über eine billige Elektronik dem jeweiligen Fahrzustand des Fahrzeugs, also in Abhängigkeit von Fahrgeschwindigkeit und der dazu erforderlichen Leistung, durch selbsttätiges Verstellen des hydrostatischen Getriebes dem Verbrennungsmotor immer zu seinem momentan güstigsten Betriebszustand verhelfen. Derartige Geräte nennt man Optimizer. Sie sind selbstverständlich mit den gegebenen technischen Mitteln verwirklichbar, wirken aber gegenüber der altmodischen und einfallslosen Antriebstechnik der gegenwärtigen PKW zugegebenermaßen futuristisch, obwohl ihre Anpassung an den PKW keinesfalls mehr Entwicklungskosten erfordern würde als ein oder zwei neue Modelle der konventionellen Blechhaufen.

Die träge und sich außerdem in nutzlosen Spielereien erschöpfende »Entwicklungsdynamik« der PKW-Industrie wird in absehbarer Zeit jedoch nicht fähig sein, uns ein perfektes Antriebssystem für den PKW zu liefern.

Während nun die falsche Handhabung von Kupplung und Schaltgetriebe sich im wesentlichen in höherem Verschleiß und damit in größerer Inanspruchnahme des Geldbeutelinhalts bemerkbar macht, geht es bei der Betätigung des Lenksystems eines PKW um Kopf und Kragen.

Sicher ist der größte Teil der jährlichen 15000 Unfalltoten und 500000 Verletzten im Verkehr auf irgendwelche Mängel bei der

Handhabung des Lenksystems zurückzuführen. Daß ein PKW ohne Lenkvorgang und infolgedessen auch nicht ohne folgenschwere Lenkfehler möglich ist, hätte für die PKW-Industrie eines zivilisierten und human denkenden Landes wie der BRD Grund genug sein müssen, ein vom Lenkvorgang unabhängiges Individualverkehrsmittel zu entwickeln. Z. B. eines, das ähnlich einem waagerecht fahrenden Lift völlig auf einen manuell ausgeführten Lenkvorgang und damit auf dessen Einfluß auf die Transportsicherheit verzichten kann. Gemeint ist hierbei die sogenannte Kabinenbahn, die technisch und wirtschaftlich nicht nur realisierbar ist, sondern die auch aus anderen Gründen in Zukunft unumgänglich sein wird. Dazu mehr an anderer Stelle.

Wenn uns nun schon die PKW-Industrie eine homogene »Auswahl« ihrer Produkte aufdrängt und absolut kein Interesse an der Schaffung eines anderen Individualverkehrssystems zeigt, dann wäre es ihre Pflicht gewesen, den technischen Gegebenheiten entsprechend den Lenkvorgang sicherer zu gestalten. Sie hat hier lange vieles versäumt.

Obwohl schon seit Jahren die grundlegenden Zusammenhänge des komplexen Regelvorgangs zwischen Mensch, Fahrzeug, Fahrbahn und Fahrzustand bekannt sind, wurden und werden immer noch äußerst lenkunsichere, unfallträchtige Fahrzeuge gebaut.

So gab und gibt es immer noch PKW-Typen mit sogenannten Pendelachsen. Das ist eine bestimmte Form der Radaufhängung, die das gefederte Rad beim Überfahren von Fahrbahnunebenheiten kleine Kippbewegungen ausführen läßt. Diese erzeugen am rollenden Fahrzeug Kräfte, die quer zur Fahrtrichtung wirken und dieses damit vom gewünschten Kurs abweichen lassen. Jede Kursabweichung erfordert wiederum eine Lenkkorrektur durch den Fahrer.

Die Vielzahl von zusätzlichen und im Grund genommen unnötigen Lenkbewegungen beanspruchen den Fahrer psychisch und physisch und erschöpfen frühzeitig seine Handhabungssicherheit. Das Fahrzeug ist lenkunsicher.

Bei bestimmten Fahrzeugen kann diese Lenkunsicherheit durch ein minderwertiges Lenkgetriebe noch vergrößert werden. So ein Lenkgetriebe ist ein Getriebe mit großer Übersetzung, das die Drehbewegungen am Lenkrad in die Drehbewegung der gelenkten Räder um ihre Schwenkachse umsetzt. Schlechte Lenkgetriebe, und diese wurden bisher in Millionen-Stückzahlen gebaut, verschleißen schon nach einigen zehntausend Kilometern Fahrstrecke in der am häufigsten vorkommenden Geradeausfahrtstellung so, daß die kraftübertragenden Teile nur noch mit Spiel ineinandergreifen. Wie wenig förderlich Spiel auf die Lenksicherheit wirkt, ist jedem Autofahrer bekannt. Dieses Spiel kann man nun durch sogenanntes Nachstellen der Lenkung verringern. Das hat zur Folge, daß zwar in Geradeausfahrtstellung das Spiel beseitigt ist, die Lenkung dafür aber bei Kurvenfahrt klemmt und nur durch kräftiges Drehen am Lenkrad nach Beenden der Kurve in die gewünschte Geradeausfahrtstellung zurückzuführen ist. Normalerweise sollte sie das von selber machen. Spiel oder Klemmeffekt und verhinderter Lenkungsrücklauf verschlechtern häufig und heftig die Sicherheit beim Lenken.

Wie sehr gespaltenen Geistes die Autoindustrie das Thema Lenksicherheit behandelt, zeigt folgende Betrachtung: Nahezu jeder PKW, der über ein Leergewicht von 1000 kg verfügt und mit einer entsprechend hohen Vorderachslast gesegnet ist, kann mit einer Servolenkung gekauft werden. Es handelt sich dabei um ein Zusatzgerät zum Aufpreis von rund DM 1000,-.

Die KFZ-Industrie begründet die Notwendigkeit einer Servolenkung im PKW mit der Verringerung der erforderlichen Lenkkräfte am Lenkrad, wodurch der Fahrer entlastet und damit die Lenksicherheit erhöht würde. Das scheint sehr menschenfreundlich gedacht. Nun gibt es aber, wie jeder leicht feststellen kann, von eben den gleichen Firmen gefertigte kleine Lieferwagen, die samt und sonders nicht mit Servolenkung geliefert werden. Dies, obwohl die Vorderachslast und damit die Lenkkräfte bei diesen Fahrzeugen höher als die bei den PKW sind, obwohl diese Kleinlaster häufig auf schlechten Fahrbahnen und auf Baugelände eingesetzt werden, die erst recht zu höheren Lenkkräften führen. Das, obwohl die von diesen Transportern erreichbare Fahrgeschwindigkeit durchaus der eines PKW entspricht.

Hier scheint also Lenksicherheit völlig kleingeschrieben zu werden, obwohl bei diesem Fahrzeugtyp das Fahrverhalten von vornherein schlechter ist als bei den PKW.

In der speziell in diesem Detail so unsinnigen unterschiedlichen Ausstattung der beiden Fahrzeuggattungen PKW und Kleinlieferwagen steckt zusätzlich ganz sicher noch ein Rest feudalistischer Denkweise. Diese gesteht dem das Arbeitsgerät »Lieferwagen« Bedienenden weniger Bequemlichkeit durch geringe Lenkkräfte zu, als dem Besitzer eines Personenwagens. Was nicht ausschließt, daß dies nach Feierabend ein und dieselbe Person ist.

Der vornehmlichste Grund in der hier so offen demonstrierten unterschiedlichen Bewertung der Lenksicherheit liegt aber in der Überlegung, daß man zwar dem unkritischeren PKW-Käufer ein umsatzförderndes Zusatzgerät aufschwatzen kann, das bei richtiger Auslegung des PKW eigentlich überflüssig wäre, dem scharf kalkulierenden Unternehmer dagegen ein Arbeitsfahrzeug zu einem geringen Preis anbieten muß, dessen Ausstattung nur das Notwendigste umfaßt.

19. Witterungsabhängigkeit

Konstruktions- und Entwicklungsabteilungen der PKW-Industrie müssen in klimatisch sehr begünstigten Gegenden mit milder, trockener Witterung liegen. Man könnte hierbei Gegenden wie Florida oder die Kanarischen Inseln vermuten. Anders lassen sich – immer den so häufig und so mit Nachdruck betonten guten Willen zur Weiterentwicklung der PKW unterstellt – deren ganz eklatante Schwächen in bezug auf ihre Betriebssicherheit und Zuverlässigkeit bei anderen als den angedeuteten Witterungsbedingungen nicht erklären.

Eine dieser Schwächen ist das mangelhafte Startvermögen moderner PKW bei niedrigen Temperaturen. Es soll keineswegs bezweifelt werden, daß ein neues Auto in der Kältekammer einer Entwicklungsabteilung auch bei 25 Grad unter Null sicher anspringt. Aber ebensowenig gibt es Zweifel darüber, daß ein älteres Fahrzeug mit müder Batterie und geringerer Kompression des Motors schon bei den bei uns sehr häufig vorkommenden winterlichen Temperaturen von minus 5 bis minus 10 Grad Anlaßschwierigkeiten hat. Ohne diese gäbe es keinen Markt für chemische Anlaßhilfen: Sprays aus leicht entzündbaren Äthermischungen, die man in das Ansaugsystem des Motors spritzt. Ohne Anlaßschwierigkeiten wären die allenthalben angebotenen Batterieladegeräte unnötig, und nicht umsonst bietet selbst der Warenhausversand Starthilfekabel an, mit denen man sich von Nachbars Autobatterie ein wenig Strom pumpen kann.

Die Gretchenfrage ist natürlich, ob ein PKW mit 70 000 km auf dem Buckel und einer fünfjährigen Batterie versehen überhaupt ohne Schwierigkeiten zum Laufen gebracht werden soll.

Nichts wirkt verdrießlicher und erweckt mehr die Vorstellung an einen Autoneukauf, als ein schon etwas älterer PKW, der bei sinkenden Temperaturen nur noch jammernde Anlassertöne von sich gibt. Zeigten die PKW-Hersteller ehrliches Interesse für die Anlaßsorgen von Besitzern nicht mehr ganz neuer Wagen, dann hätten sie nicht ein sehr nützliches Requisit aus der Mottenkiste des PKW-Baus, nämlich die Anlaßkurbel, schon seit Jahren verbannt. Mit diesem Gerät kann ohne besondere Geschicklichkeit und Kraft selbst ein größerer Motor bei Startschwierigkeiten angelassen werden. Das Weglassen der Anlaßkurbel und der dazugehörenden Vorrichtung am Motor, ohne gleichzeitig die Anlaßsicherheit in kritischen Witterungsfällen auf andere Weise wesentlich zu verbessern, ist nur damit zu erklären, daß die PKW-Industrie sich anmaßt, die Nutzungsmöglichkeiten eines PKW durch dessen Besitzer einzuschränken.

Höchst interessant ist in diesem Zusammenhang, daß nahezu alle französischen PKW immer noch über eine Anlaßkurbel verfügen, die meist mit dem Wagenheber kombiniert ist, und somit außer einigen Konstruktionsüberlegungen nahezu keine Mehrkosten hervorruft. Dabei sind doch französische PKW in wärmeren Gefilden zu Hause, in denen Anlaßschwierigkeiten selten sind.

Eine weitere Winterkrankheit moderner PKW ist das Hängenbleiben in Schnee und Eis. Jeder, der einen der üblichen und in unseren Breiten jährlich mehrmals auftretenden Wintereinbrüche erlebt hat, wird es bestätigen können: eine mit zwei Zentimetern Neuschnee bedeckte Fahrbahn entfesselt ein Verkehrschaos. Ein harmloses Schneeschauerchen und ein kleiner Kälteeinbruch, die beide dem Nichtmotorisierten höchstens das Umlegen eines Schals abnötigen, kommen in Verkehrswarnfunk und Tagesschau zu ungeahnter Geltung und setzen die Karosseriewerkstätten für viele Wochen ins Brot. Die PKW-Industrie hat es bisher nicht vermocht oder sie hat sich keine Mühe gemacht, unsere Alltagsfahrzeuge mit normaler Ausrüstung Alltags-winterwettertauglichkeit zu machen.

Diese Winterstraßen-Untauglichkeit hat weitgehend vermeidbare Ursachen. Vor allem ließen sich die Winterfahreigenschaften durch den serienmäßigen Einbau eines sogenannten automatischen Sperrdifferentials verbessern. Das Hängenbleiben auf Glatteis und in leichtem Schnee ist nämlich sehr oft auf die Wirkung des üblichen Ausgleichsgetriebes oder auch Differentials zurückzuführen. Dieses ist hinter dem Schaltgetriebe angeordnet und verteilt die Antriebsenergie auf die beiden Räder der angetriebenen Achse. Das konventionelle Ausgleichsgetriebe ist im Grunde genommen auch so ein Überbleibsel aus den ersten Anfängen der Automobiltechnik, das, mit erheblichen Mängeln behaftet, trotzdem nahezu unverändert durch die Automobilgeschichte hindurch bis in die Jetztzeit geschleppt wurde. Es erfordert zum Verständnis seiner Funktion keine sonderlichen Anstrengungen, trotzdem erscheint es hier überflüssig, detailliert darauf einzugehen.

Soviel genügt zum Verständnis seiner höchst unzulänglichen Eigenschaften: Befindet sich nur eines der beiden angetriebenen Räder auf einer besonders glatten Stelle der Fahrbahn, also auf Eis oder Schnee, und dreht es beim ersten Anfahrversuch durch, so kann das andere Rad derselben Achse, das unter Umständen auf völlig trockenem, griffigen Boden steht, das Fahrzeug nicht wegschieben. Grund dafür ist das althergebrachte Ausgleichsgetriebe, das als eine Art Waage wirkt. Es teilt den beiden angetriebenen Rädern immer dieselben Antriebskräfte zu. Die Antriebskraft des auf Eis durchdrehenden Rades ist naturgemäß sehr gering und vermag das Auto nicht zu bewegen, ebensowenig kann das die gleich geringe Antriebskraft des anderen Rades auf griffiger Fahrbahn. Die Antriebsverhältnisse des Fahrzeugs richten sich also ganz unsinnigerweise nach denen des schlechtest plazierten Rades. Der PKW kann daher den Vorteil, daß von den beiden Rädern einer angetriebenen Achse sich wenigstens eines auf guter Fahrbahn befindet, gar nicht nutzen. Das ist mit Sicherheit auch für den technischen Laien erkenntlich keine sinnvolle Konstruktion. Daß die PKW-Industrie sie immer noch dem Käufer aufhalst, läßt sich nur damit erklären, daß sie kein ehrliches Interesse an einer weitgehenden Verbesserung des Gebrauchswertes ihrer Produkte hat; jedenfalls solange nicht, als der unkundige Autofahrer selber weder Alternativen kennt noch sie fordert. Es gibt nämlich durchaus Konstruktionen von Ausgleichsgetrieben, die recht brauchbar den beiden angetriebenen Rädern die größtmöglichen Antriebskräfte zukommen lassen. So sind Sperrdifferentiale in automatischer Bauweise mit allein zwei Grundkonstruktionen seit Jahrzehnten in hoch beanspruchten Geländewagen eingeführt. In gleich großer Serie wie die konventionellen Ausgleichsgetriebe produziert, könnten sie zum gleichen oder nur geringfügig höheren Preis hergestellt und von vornherein in jedem Alltags-PKW eingebaut werden. In der Ausstattungsliste der PKW-Verkäufer rangieren sie, wenn überhaupt, zu einem viel zu hohen Aufpreis (ca. DM 1000,–) ganz hinten, weit nach mehrfarbigen Sitzbezügen, Metallicefektlackierung und ähnlichen Nebensächlichkeiten.

Die dem derzeitigen Stand der Technologie entsprechend beste Lösung würde auch hier der schon mehrmals erwähnte hydrostatische Antrieb bieten. Bekanntlich besteht ein hydrostatisches Getriebe aus einer Druckölpumpe und einem Ölmotor. Anstelle des einen Ölmotors können nun auch wahlweise zwei, nämlich je einer in den beiden angetriebenen Rädern angeordnet werden. Ein spezielles, relativ billiges Ventil im Kreislauf dieses hydrostatischen Systems bewirkt den schon vorher beschriebenen Sperrdifferentialeffekt. Man könnte sogar noch einen Schritt weitergehen und jedes der vier Räder eines PKW mit je einem dieser kleinbauenden hydrostatischen Motoren versehen. Dadurch würde man jedem PKW die bei erschwerten Fahrbahnverhältnissen besonders positiven Allradantriebseigenschaften geben, die mit konventionellen Getrieben nur mit sehr großem baulichen Aufwand zu erzielen sind. In Anbetracht der hergebrachten musealen Antriebstechnik unserer so »modernen« PKW klingen diese Vorschläge zugegebenermaßen wieder sehr futuristisch.

Keineswegs zukunftsträchtig, sondern längst alltäglich sind solche Antriebsmethoden bei landwirtschaftlichen Fahrzeugen, bei Baufahrzeugen und speziellen Industriefahrzeugen. Hier nutzt man noch einige weitere Vorteile. Außer der schon beschriebenen einfachen Handhabung, also ohne Kupplungsbetätigung und Schaltvorgang, bietet das System die Möglichkeit, anstatt über raumzehrende Wellen und Gelenke die Antriebsenergie über simple und leicht zu verlegende Rohrleitungen und Schläuche zu den Rädern zu führen.

Da ein auf Eis und Schnee hängengebliebenes oder wegen der bekannten Anlaßschwierigkeiten gar nicht erst zum Laufen gebrachtes Auto meist ein Verkehrshindernis darstellt, muß es auf andere Weise in Bewegung gesetzt werden. Es wird abgeschleppt oder angeschleppt. Man kann es nur wiederum als ein Zeichen von Desinteresse der PKW-Industrie an der weitgehenden Nutzungsmöglichkeit eines PKW durch seinen Besitzer werten, wenn sie es jahrzehntelang, aus welchen Gründen auch immer, nicht geschafft hat, ihre Produkte mit Abschleppösen zu versehen, an denen man im Notfall das Abschleppseil befestigen kann. Erst in den letzten Jahren und unter sanftem Druck von oben, hat sie sich dazu durchringen können, diese Dinger anzubringen. Wie und wo sie jetzt montiert sind, ist jedoch meist eine Tragödie für sich. Aus unerfindlichen Gründen, vielleicht um jeden äußeren Hinweis auf die unvollkommene Funktionsfähigkeit ihrer Erzeugnisse zu vermeiden, plaziert die PKW-Industrie die Abschleppösen und -haken bei fast jedem Modell unauffindbar tief an der Wagenunterseite.

Die Situation, in der sich der Fahrer eines stehengebliebenen PKW befindet, wird keineswegs dadurch erfreulicher, daß er in demütig kniender Stellung oder sogar liegend in Schmier und Dreck unter der dunklen Wagenunterseite suchend saubere Hosenbeine und Jackenärmel opfert. Gott allein weiß, warum Ösen und Haken nicht im Bereich der Stoßstange deutlich sichtbar und ohne Gefummel erreichbar angebracht werden können.

Übrigens, die PKW-Industrie denkt nicht im Traum daran, ihre ohne Abschleppseil oft so völlig hilflosen Geschöpfe auch mit demselben auszurüsten. Das überläßt sie dem blühenden Markt der Zubehörindustrie.

Die Funktionsfähigkeit eines PKW unter Witterungsbedingungen, die nicht denen von Florida entsprechen, ist auch abhängig von der Wirkung der Heizung und der Scheibenentfrostung. Von der gängigen Auto-Boulevardpresse wird nun oft und gern hervorgehoben, wie besonders fortschrittlich die Autoindustrie auf diesem Gebiet in den letzten Jahren sich hier gezeigt hat. Man ist gut beraten, den Anlaß zu diesen Lobeshymnen etwas nüchterner zu betrachten. Die PKW-Hersteller, die in bezeichnender Weise noch Mitte der fünfziger Jahre ihre Fahrzeuge selbst in unseren Breiten mit Heizung nur gegen Aufpreis verkauften, haben Jahrzehnte gebraucht, um das im Motor entstehende Überangebot an Wärme in ausreichender und angenehmer Weise in den Innenraum und an die Scheiben zu leiten. Immerhin stehen nämlich mindestens 30% der im Motor investierten Treibstoffenergie nach erfolgter Verbrennung allein für Heizzwecke zur Verfügung. Zur Veranschaulichung: Bei einem mittleren Treibstoffverbrauch eines Mittelklasse-PKW von etwa 6 Litern pro Stunde steht in Form von Abwärme des Motors der Gegenwert von etwa 2 Litern zur Wagenbeheizung und Scheibenentfrostung zur Verfügung. Das ist nahezu das Doppelte dessen, was in derselben Zeit aufgewendet werden muß, um ein normales Zweifamilienhaus während der Winterzeit warm zu halten. Es fehlen einem einfach die Dankesworte an die Herren Automobilkonstrukteure, denen es nach rund fünfzigjährigem Bemühen endlich gelungen ist, mit demselben Aufwand ein winziges Autochen zu heizen.

Sind auch die Versäumnisse der PKW-Industrie, ihre Fahrzeuge funktionell witterungsunempfindlicher zu gestalten, markant genug, so sollte sich doch der heftige Vorwurf gegen die Hartnäckigkeit richten, mit dem die PKW-Industrie auf ihrem Individualverkehrssystem PKW/Straße beharrt.

Selbst bei Ausschöpfung aller vorliegenden und noch denkbaren Methoden wird die Witterungsabhängigkeit und die dadurch bedingte mangelhafte Transportsicherheit für Mensch und Gut nie zu beheben sein.

Die Verkehrsflächen Straßen, Brücken, Parkplätze usw. liegen jedem Witterungseinfluß zugänglich und ungeschützt da. Selbst wenn sich die vorläufig aus Energiegründen weit in die Ferne gerückte Idee der Verkehrsflächenbeheizung verwirklichen lassen könnte, so wären heftige Regenfälle mit Aquaplaninggefahren und Sturmböen immer noch Anlaß genug für schwerwiegende Unfälle.

Die dem Können und dem physischen bzw. psychischen Zustand des einzelnen Fahrers überlassene Bedienung der Verkehrskomponente PKW wird durch Witterungseinflüsse ständig erschwert. Es ist einfach grotesk, annehmen zu wollen, durch Erziehungs- und Schulungsmaßnahmen am Kraftfahrer die daraus entstehenden Gefahren ausgleichen zu können. Das ist bisher trotz peinlicher Ausbildungsmethoden und trotz ständiger Information über Witterungsänderungen noch nicht einmal bei den Piloten der Verkehrsfliegerei 100%ig gelungen.

Mithin muß das Primitiv-Verkehrssystem Auto/Straße mit seinen akuten Versagenserscheinungen, den Verkehrsunfällen, weiterleben. Wenn sich die PKW-Industrie, die sich jedenfalls nach eigener Darstellung nicht nur als Blechkonfektionär, sondern als Verkehrsmittelproduzent auffaßt, trotz der gegebenen technologischen und wirtschaftlichen Möglichkeiten nicht mit einem allen zugänglichen, witterungsunabhängigen und damit transportsicheren und lebenschonenden Verkehrsmittel befaßt, so zeigt sie hiermit deutlich inhumane Tendenzen.

20. Autozubehör

Eine ganze Reihe noch nicht einmal so kleiner Firmen lebt von der Herstellung und vom Verkauf von Teilen, die gewisse Unzulänglichkeiten der einzelnen PKW-Typen ausgleichen sollen.

Die Vielfalt dieser Zubehörteile gestattet es, nur einige wenige davon exemplarisch zu betrachten.

Da gibt es zunächst eine Reihe von eindeutig sinnlosen und für die Mentalität ihrer Käufer sprechende Zubehörteile. So etwa verchromte Hutmuttern zum Befestigen der Räder (das Stück zu DM 3,–, der ganze Satz mithin stolze DM 60,–) oder ein sogenannter Rallye-Streifen-Satz für das ganze Auto für runde DM 100,–, doppelte Endrohre für den Auspuff, Fuchsschwänze aus Nylon für die Antennenspitze und Löwen, Hundchen und bestickte Kissen für die Rückfensterablage. Weiter natürlich Aufkleber und Abziehbilder mit Flüchen, Sex, freundlichen Empfehlungen oder auch nur, um für einen bestimmten Ölzusatz Reklame zu fahren.

Wer glaubt, daß mit dieser Liste die Grenze finanziell ausschöpfbarer Naivität einer bestimmten Sorte Autofahrer erreicht ist, täuscht sich. Die Spitze in dieser Hinsicht bildet sicher eine Autotelefonattrappe aus Plastik, die für DM 46,– dem Besitzer des solcherart ausgestatteten Fahrzeugs das erhebende Gefühl geschäftlicher oder gar geheimpolizeilicher Wichtigkeit verleiht.

Eine andere Sorte Zubehör ist jedoch auf den ersten Blick gar nicht als unsinnig zu erkennen und täuscht gekonnt dem Laien wissenschaftlich untermauerten Nutzeffekt vor.

Der Trick solchen Zubehörs besteht häufig darin, dem Laien recht vordergründig eine auf leicht plausiblen physikalischen Gesetzmäßigkeiten beruhende und damit überzeugende Funktion vorzuspiegeln. Einigermaßen enttäuschend ist dann bei genauerer Untersuchung, daß der damit erzielte Effekt nicht oder nur in verschwindend geringem Ausmaß vorhanden ist.

Würdige Vertreter dieser Art von Krimskrams sind die in letzter Zeit in Mode gekommenen Bug- und Heckspoiler, die auch braven Familienkutschen sportlich-dramatisches Aussehen verleihen sollen.

Speziell hier vermag der Laie überhaupt nicht und selbst der Fachmann erst nach dem Studium einschlägiger Literatur zu erkennen, daß solche an Vorder- und Rückseite eines PKW angebrachten Bleche oder Kunststoffteile im Grunde genommen fast ohne jede funktionelle Bedeutung sind.

Zu der Annahme, daß diese Spoiler einen gewissen Sinn haben könnten, verführt hier die verständliche Vorstellung, daß die schräg nach unten reichende Spoilerfläche am Bug des Fahrzeuges bei rascher Fahrt Luft nach oben schaufelt und dadurch das Fahrzeugvorderteil nach unten drückt. Somit ergäbe sich ein besserer Fahrbahnkontakt und eine erhöhte Fahrsicherheit. Entsprechendes gilt für die etwas selteneren Heckspoiler, die denselben Effekt für die Hinterräder erzeugen sollen.

Was ergibt nun eine nüchterne Betrachtung? Zunächst muß man feststellen, daß es über Spoilereffekte an Personenwagen so gut wie keine allgemeine wissenschaftliche Literatur gibt. Das ist an sich schon ein Zeichen für die geringe Effizienz solcher Teile, da selbstredend kein echter Wissenschaftler sich ernsthaft mit Dingen beschäftigen und darüber veröffentlichen möchte, wenn diese keine ausgiebige Ausbeute erlauben. Es muß deshalb zu einer speziellen Firmenstudie über Spoilereffekte an einem Sportwagen gegriffen werden, einem Fahrzeug also, das, im Gegensatz zur biederen Familienkutsche, von Effekten, wie sie der Spoiler bieten müßte, lebt.

Im wesentlichen stellt die Firma Porsche hierzu fest: Die Frontspoiler-Gestaltungsmöglichkeiten bewegen sich von vornherein in engen Grenzen, die durch die erforderliche Bodenfreiheit des Fahrzeugs und durch den Unfallschutz anderer Verkehrsteilnehmer, z. B. Fußgänger, gegeben sind. Untersuchungen im Windkanal ergaben, daß bei einer Fahrgeschwindigkeit von 130 km/h die Vorderachse durch den Spoiler um etwa 15 kp stärker belastet wurde. Bezogen auf die Vorderachslast dieses Fahrzeugs von rund 600 kp entspricht dies einem Effekt von 2,5%.

An der Hinterachse betrug er rund 3,8%. Ist der Effekt trotz ausgesprochener Auslegung der Spoiler auf das damit auszurüstende Fahrzeug so klein, wie gering ist er dann wohl erst bei einem der damit nachträglich ausgestatteten braven Alltags-PKW?

Dazu folgende Überlegungen: Der Heckspoiler kann beim normalen PKW im Gegensatz zum Porsche gar nicht erst verwirklicht werden, da er die Sicht durch das Rückfenster verhindern würde. Es fällt damit schon von vornherein der Spoiler weg, der den größeren Nutzen bringen könnte.

Der Front- oder Bugspoiler, der beim Porsche nur nach

genauer Anpassung an das Fahrzeug bei der zugrunde gelegten Autobahnrichtgeschwindigkeit von 130 km/h einen Effekt von 2,5% bringt, ist beim Normal-PKW noch wirkungsloser, da er ja nur als Additiv von Firmen geliefert wird, die weder über einen Windkanal noch über die auf dem Gebiet der Aerodynamik erforderlichen Kenntnisse verfügen und zu einer optimalen Anpassung gar nicht in der Lage sind. Der deshalb bleibende Effekt dürfte mit 1,5% reichlich hoch eingeschätzt sein.

Wohlgemerkt gilt auch diese Zahl nur bei einer Fahrgeschwindigkeit von 130 km/h, bei Autobahnrichtgeschwindigkeit also, die mit Sicherheit in Kürze zur höchsten in unserem Lande überhaupt zu fahrenden Geschwindigkeit werden wird. Neuere Messungen haben ergeben, daß der größte Teil aller Autobahnfahrer zur Zeit noch nicht einmal die Richtgeschwindigkeit ausnutzt. Die Geschwindigkeit, bei der der Spoiler dann seine Wirkung bringen müßte, liegt damit bei etwa 110 km/h. Da nun alle aerodynamischen Vorgänge vom Quadrat der Windgeschwindigkeit, hier also der Fahrgeschwindigkeit, abhängen, bedeutet eine Verringerung der Fahrgeschwindigkeit um nur 20 km/h ein Absacken des Bugspoilereffektes von 1,5% auf rund 1%.

Was bleibt vom kernig wirkenden Bugspoiler am PKW? Praktisch nichts. Außer einem Stückchen Blech natürlich, das als Mittel zum guten Verdienst an der Unwissenheit anderer dient.

Nun zu der Gattung Zubehör, das man als notwendig, funktionell aber völlig mißraten bezeichnen kann.

Ein sehr würdiger Vertreter dieser Gattung sind Abschleppseile. Da kein PKW-Produzent seinem Produkt ein solches von vornherein beilegt, ist man gezwungen, sich dieses fast unumgängliche Kofferraumutensil im Zubehörhandel zu beschaffen. Schon die einmalige Verwendung des Abschleppseils hinterläßt beim Benutzer mit Sicherheit ernste Zweifel daran, ob dieses Gerät überhaupt zu dem auf der Verpackung angegebenen Zweck vorgesehen ist. Es gibt da nämlich Seile, schön aus starker Drahtlitze geflochten, die an ihrem Ende eine Schlinge haben. Solche Schlingen kann man geschickt im Karabinerhaken des abschleppenden oder des abgeschleppten Fahrzeug einhängen. Wenn diese Karabinerhaken hätten. PKW haben, wenn überhaupt, nur mit Schwierigkeiten unter der dreckigen Wagenunterseite erreichbare Ösen. Die sind nämlich billiger. Also zieht man das Abschleppseil durch die eine Öse und dann noch einmal durch die Schlinge selber. Am anderen Auto macht man das gleiche, nur mit dem Unterschied, daß hier ein seltsam geformter Bügel die Schlinge zuhält. Das funktioniert beim jungfräulichen Abschleppseil recht gut.

Der Kummer aber beginnt spätestens beim Entfernen des Seils nach beendigtem Abschleppen. Die beim Abschleppen auftretende hohe Seilkraft hat dieses so eng um die Ösen gewikkelt, daß es von dort nur mit hohem Aufwand zu entfernen ist. Darüber hinaus ist das Seil so verbogen, daß es nur mit Schwierigkeiten ein zweites Mal benutzt werden kann. Es sei denn, man klopft es vorher mit dem Hammer wieder gerade. Einfache Abhilfe könnte man schaffen, indem statt der Schlingen starke Karabinerhaken an den Seilenden befestigt werden, die man leicht in die Abschleppösen am PKW einhängen kann.

Eines der wenigen Zubehörteile, das die PKW-Produzenten generös gleich im Fahrzeug mitliefern, sind Wagenheber. Sie sind auch danach. Ihre Gestaltung macht es meist zum sträflichen Leichtsinn des jeweiligen Autofahrers, eine Reifenpanne in einer Gegend zu bekommen, die für solchen Zweck nicht geeignet ist.

So wird es höchst problematisch, einen »Platten« an einer Steigung von mehr als 5 % wechseln zu wollen. Fast alle Wagenheber heben den PKW nur an, vermögen aber nicht, ihn auch nach vorn oder hinten abzustützen. Insbesondere dann, wenn an der handgebremsten Achse die Reifenpanne auftritt und bei angehobenem Wagen nur noch ein einziges gebremstes Rad die Fahrbahnoberfläche berührt, besteht Gefahr, daß das Fahrzeug vom Wagenheber herunterrollt und die Hände des Reifenwechslers unter sich begräbt. Dieser Gefahr ist sich die PKW-Industrie durchaus bewußt, gibt sie doch in Betriebsanleitungen häufig den Tip, in solchen Fällen durch Unterlegen von Steinen das Fahrzeug am Wegrollen zu hindern. In vielen Gegenden sind nun passend geformte Steine gar nicht so häufig. Es empfiehlt sich deshalb, die miese Wagenheberkonstruktion moderner PKW durch ständiges Mitführen mehrerer zweckentsprechender Steine auszugleichen.

Außergewöhnlich unangenehm wechselt sich auch ein platter Reifen auf Landstraßen mit unbefestigten Rändern. Den KFZ-Ingenieuren scheint noch nicht aufgefallen zu sein, daß es hiervon allein in der BRD etliche zehntausend km gibt. Statt das Auto anzuheben, drückt sich hier der Wagenheber in den weichen Untergrund ein. Außer den schon erwähnten Steinen sollte man also auch ständig ein solides Brett mitführen, das man bei

Bedarf unter den Fuß des Wagenhebers legen kann.

Darüberhinaus gibt es spezielle Wagenheberkonstruktionen, die sich bei Benutzung beängstigend dicht an der teuren Außenhaut des PKW entlang bewegen. Die kluge PKW-Industrie vermeidet allerdings die Gefahr des Schrammens an der Karosserie durch einen sehr sinnig am Wagenheber angebrachten Gummiring, der im Ernstfall anstelle der Kratzer nur Dellen und fast nicht entfernbare schwarze Gummistriche auf der Blechhaut hinterläßt.

Besitzt nun gar jemand die Stirn, ein Auto zu betreiben, das schon den zweiten Modellwechsel überdauert hat, so bereitet ein Reifenwechsel oft zusätzliche Schwierigkeiten. Der angesetzte Wagenheber hebt nicht das Fahrzeug an, sondern senkt sich mit häßlichem Knirschen in die in diesem Bereich schon zerrostete Wagenunterseite.

Es wäre wahrhaftig lohnend, die Automobilfirmen würden bei den von ihnen teilweise inszenierten Jugendwettbewerben anstelle des Themas »Auto der Zukunft« das simple, aber drängendere Thema »ein guter Wagenheber« ausschreiben. Man darf überzeugt sein, daß ein halbwegs technisch interessierter Vierzehnjähriger mit seinen Überlegungen die üblichen Konstruktionen schlagen würde.

21. Vereinheitlichung könnte Kosten senken

Schon Henry Ford hatte es erkannt: Größtmögliche Vereinheitlichung senkt die Kosten des Herstellers und den Unterhaltsaufwand für den Nutzer eines PKW. Demgemäß konnte man bei Ford jede Lackierung wählen, vorausgesetzt, sie war schwarz. Fords T-Modell der 20er Jahre war deshalb das billigste seiner Klasse. Das war Attraktivität genug, dieses Fahrzeug mit 15 Millionen verkauften Exemplaren zum Verkaufsrenner zu machen.

Noch bis vor wenigen Jahren wurde z. B. auch der VW-Käfer in einer einzigen Grundversion gebaut. Daraus resultierten eine Reihe von unübersehbaren Vorteilen, die einer nüchternen Käuferschicht sehr entgegenkamen. Der Anschaffungspreis war günstig. Er konnte es sein, weil in großen Serien gefertigte, immer gleiche Teile eben billiger zu produzieren sind.

Wesentlicher Grund dafür ist, daß sich die Anschaffungskosten für Maschinen, Werkzeuge, Vorrichtungen, Gießmodelle und Gießformen, aber auch die erheblichen Entwicklungskosten sowie die Allgemeinkosten auf eine große Stückzahl verteilen lassen. Die Verarbeitungsqualität war gut, weil bei großen Serien die immer wiederkehrenden gleichen Fertigungsabläufe von den Ausführenden gut in Griff, weitgehend automatisierbar und damit von kontrollierbarer Qualität sind. Auch verpflichtet die Größe der Serie den Hersteller in eigenem Interesse zur größtmöglichen Fertigungssorgfalt, da schon eine geringfügige Nachlässigkeit bei großem Ausstoßvolumen eine riesige Kostenlawine durch Ersatzleistungen über Nacharbeit, Garantie- und Kulanzleistungen nach sich ziehen könnte.

Die immer wiederkehrenden Bauteile vereinfachten darüber hinaus die Lager- und Verwaltungsprobleme bei den Reparaturwerkstätten und senkten die Ersatzteilkosten. In Anbetracht des großen Marktes lohnte es sich auch für die Fremdfirmen, Ersatzteile wie Stoßstangen, Auspüffe, Kotflügel und dergleichen noch billiger als die Original-VW-Ersatzteile herzustellen. Phantasiepreise für die Originalteile wurden dadurch fast unmöglich.

Selbstverständlich wurde auch eine anfallende Reparatur oder Wartung gründlicher, rascher und billiger behoben, da der VW-Mechaniker die ständig wiederkehrenden Arbeitsgänge im Schlaf beherrschte. Investitionen für Spezialwerkzeuge und -einrichtungen konnten auf eine große Anzahl von Reparaturen verteilt werden.

Diese guten alten Zeiten sind endgültig vorbei. Wo früher ein Lagerist genügte, um auf den Wunsch nach irgendeinem Ersatzteil gelangweilt in eine Schachtel zu greifen und mit tödlicher Sicherheit das richtige Teil daraus hervorzuziehen, sind es jetzt mindestens drei. In bibelähnlich dicken, ganze Regale füllenden und mit Computerausdrucken bestückten Handbüchern stellen sie fest, ob das gewünschte Teil vorhanden ist, und holen es aus einer weit entfernten Stelle des riesigen und teuren Systemlagers. Trotz allen Aufwandes kann man Pech haben und muß auf das gerade nicht vorrätige Teil noch etliche Tage warten.

Verschwunden ist der VW-Meister, der den umständlichen Ausführungen auch einer technisch ungeschulten Person sofort den beschriebenen Mangel ihres Käfers entnehmen konnte, im Geiste die erforderlichen Reparaturvorgänge und die benötigten Ersatzteile vor sich sah und auf DM 2,– genau die entstehenden Reparaturkosten angeben konnte. Der Meister wurde mit der Einführung einer breiten Typenpalette durch mehrere freundliche und gut gekleidete Herren in der luxuriösen Reparaturannahme, durch Diagnosecomputer und eine aufwendige EDV-Anlage ersetzt.

Es muß von vornherein klargestellt werden, daß nicht das Wort für den VW-Käfer gesprochen werden soll. Der ist ohne jeden Zweifel technisch überholt. Was allerdings nicht ausschließt, daß einzelne seiner Konstruktionsprinzipien auch seinen Nachfolgern gut getan hätten. Deutlich abzulehnen ist aber aus oben angedeuteten Gründen eine Firmenpolitik der Modellvielfalt, die voll zu Lasten des Käufers geht.

Es scheint interessant, sich daraufhin die zur Zeit produzierten VW-Frontantriebswagen, die ja die Käferära ablösen sollen, anzusehen.

Es gibt hiervon allein drei Basismodelle, nämlich Polo, Golf und Passat. Sie unterscheiden sich also nicht wie früher VW-Export und VW-Standard nur durch reichhaltigere oder ärmere Ausstattung, sondern ganz erheblich durch eine unterschiedliche Konstruktion. Form und Abmessungen der wesentlichen Teile sind also andere.

Nun ist gegen derart unterschiedliche Konstruktionsprinzipien im Fahrzeugbau grundsätzlich nichts einzuwenden. Ein Omnibus hat eben mal andere Radaufhängungen und Motoren als ein Mofa. Jedoch ist das größte der genannten PKW-Modelle, der Passat, beileibe kein Omnibus und das kleinste Modell, der Polo, ebensowenig ein Mofa. Im Gegenteil, die von Passat über Golf bis Polo reichende Modellpalette bestreicht im Grunde genommen nur eine recht kleine Bandbreite aus der möglichen PKW-Vielfalt. Und es ist fraglich, ob sich zu solchem Zweck drei völlig unterschiedliche Grundformen lohnen.

Die Fahrgasträume aller drei Grundtypen sind in ihren Abmessungen nahezu identisch. Der Sitzkomfort ist also praktisch der gleiche. Fahrzeugbreite, Radstand und Wendekreis, die Maße also, die vornehmlich die Wendigkeit eines Fahrzeugs beeinflussen, sind wiederum etwa dieselben. Jedes der drei Fahrzeuge erreicht die Autobahnrichtgeschwindigkeit. Der bei gleichbleibender Fahrgeschwindigkeit gemessene Treibstoffverbrauch differiert nur um Bruchteile eines Liters auf hundert Kilometer Fahrstrecke.

Bei den jeweils leistungsschwächsten Varianten der drei

Grundtypen beträgt die Differenz der fixen Kosten (Steuer und Versicherung) etwa DM 14,– pro Monat. Das ist ein Betrag, der in Anbetracht der Gesamtkosten einer Autohaltung vergessen werden kann. Auch die Differenz in den Anschaffungskosten liegt hauptsächlich in der Optik. Sie beträgt bei den jeweiligen Grundausführungen etwa DM 1400,–. Setzt man eine Nutzungsdauer von zehn Jahren an, so gibt das den zu vernachlässigenden monatlichen Unterschied von etwa DM 12,– zwischen größtem und kleinstem Modell.

Unter Berücksichtigung aller bei der Autohaltung anfallenden Kosten erfordert der gefahrene Kilometer bei einer Jahresfahrleistung von 15000 km beim Polo DM 0,42, beim Golf DM 0,45 und beim Passat DM 0,49. Das sind geringe Unterschiede, wenn man berücksichtigt, wie groß die Bandbreite der Kilometerkosten aller gegenwärtig angebotenen PKW-Modelle ist. So ergeben sich hier beim kleinsten Fiat 126 DM 0,33 pro Kilometer, beim Mercedes 350 SLC immerhin DM 1,25 pro Kilometer.

Mit welchem Aufwand werden nun diese bemerkenswert geringen Unterschiede in Fahrkomfort, Wendigkeit und Kosten bei den drei Modellen Polo, Golf und Passat erkauft?

Ganz eindeutig mit für den Laien unvorstellbar hohen und in die Hunderte von Millionen DM gehenden Kosten für eine im Grund unnötige Nebeneinanderherentwicklung, mehrfache Fertigungsorganisation, Lagerhaltung, Verwaltung und Kundenbetreuung dreier völlig unterschiedlicher und doch wieder ganz ähnlicher Fahrzeuge.

Diese Summen bezahlt nicht irgendwer, sondern ganz allein der Käufer dieser Fahrzeuge. Es ist höchst interessant und auch für den Laien durchschaubar, wie sinnlos unterschiedlich diese Fahrzeuge im Prinzip sind. So ist keines der Karosserieteile zwischen den genannten drei Grundtypen austauschbar. Obwohl sie praktisch in die gleiche Leistungsklasse fallen, sind die Antriebseinheiten der Fahrzeuge unterschiedlich. Während der Golf einen Quermotor hat, besitzt der Passat einen längs eingebauten Motor. Vorderhand sind noch nicht einmal die Sitze gegeneinander austauschbar, ebensowenig wie die Radaufhängungen und praktisch alles andere sonst.

Was hätte man anders machen können? Im Dreiergespann Passat, Golf und Polo sind zwei Pferdchen zuviel. Das sind mit Sicherheit Golf und Polo. Weder von den Kosten noch von einer größeren Wendigkeit her sind diese beiden dem Passat gegenüber wesentlich bevorzugt. Diese sind zwar kürzer und leichter als der Passat, was sich letzten Endes in größerer Wendigkeit und geringeren Kosten niederschlagen müßte. Feststellbar ist jedoch der jeweilige Effekt zu gering im Vergleich zum Aufwand, der darum getrieben werden muß. Polo und Golf bringen dafür aber entscheidende Nachteile ins Haus. Obwohl mit Hecktür versehen, gestattet ihre kurze Baulänge keinen Einsatz als echter Kombi. Wie er ehedem als Volkswagenvariant mit dem luftgekühlten Flachmotor einen großen Erfolg zu verzeichnen hatte. Schließlich wurden mehr als die Hälfte aller 1600-Volkswagen als »Variant« verkauft. Ist so ein Fahrzeug erforderlich, muß man jetzt in jedem Fall sowieso zum Passat-Variant greifen. Die kurze Baulänge gestattet auch keine so langen und wirksamen Knautschzonen, wie sie beim längeren Passat möglich sind.

Den mit der Konstruktion von Golf und Polo angestrebten Spareffekt hätte man mindestens im selben Maß auf einfachere und sowohl für den Hersteller als auch für den Kunden erfreulichere Weise erreichen können.

Gemeint ist hier ein Passat in den zwei Bauarten Kombilimousine, also Version Schrägheck mit Heckklappe, und in der Version Variant, Steilheck mit Hecktür. Beide ausgerüstet mit einem Einheitsmotor von 50 PS bei 1300 ccm Hubraum und jeweils in einer spartanischeren und einer besser ausgerüsteten Version angeboten, hätten durch die Konzentration aller schon genannten Kosten auf ein einziges Basismodell mit Sicherheit dessen Verkaufspreis mindestens in den Bereichen des derzeitigen Golf in vergleichbarer Ausstattung gerückt. Diese Preisattraktivität im Verein mit einem Werbefeldzug des VW-Werks in Form einer Aufklärung über die nur vermeintlichen geringeren Kosten eines leichteren, kürzeren Fahrzeugs hätte nicht nur die potentionellen Golf- und Polokäufer bei der Marke gehalten. Es wären nämlich auch die VW treu geblieben, die mit Erinnerung an Käfers Zeiten ein unkompliziertes Auto mit unkompliziertem Service an jeder Straßenecke suchen und es im neuen gewaltig verzettelten VW-Programm so wenig fanden, daß sie getrost auch zu irgendeiner anderen Marke überwechseln konnten.

Das, was sich an der VW-Modell-Politik kritisieren läßt, nämlich ein sehr vordergründiger und dabei recht phantasiearmer Kampf um den Markt durch primitives Ausstopfen einer jeden Handbreit großen Lücke im Fahrzeugprogramm mit irgendeinem Modell, natürlich voll und ganz zu Lasten des Käufers gehend, gilt in etwa denselben Ausmaßen auch für die anderen Hersteller. So kam Ford vor 20 Jahren noch mit einem einzigen Basismodell aus, dem Taunus, der in zwei Ausstattungsvarianten angeboten wurde, und Opel mit deren zwei, nämlich dem Rekord und dem traditionellen Kapitän. Heute läßt sich der Typenwirrwarr dieser beiden Firmen nur noch mit dem Computer übersehen.

Was sich allein innerhalb der einzelnen Herstellerprogramme an unnötiger Typenvielfalt feststellen läßt, gilt analog für die ganze Automobilproduktion der BRD:

Wer Einblick in die Branche hat, weiß, mit welch wichtigtuerischer Geheimhaltung hier die einzelnen Entwicklungssüppchen vor sich hingekocht werden. Wird dann nachher die Tafel aufgedeckt, so ist man über das dabei Herausgekommene üblicherweise enttäuscht. Mit einem Getue, als hätte man das unmögliche Perpetuum Mobile doch noch erfunden, wird letztlich nur wieder ein neues Auto präsentiert.

Und wenn man es genauer betrachtet, dann ist der Unterschied zum vergleichbaren Konkurrenzprodukt wieder fast übersehbar gering. Wo sind denn schon die ganz großen Unterschiede zwischen einem Mittelklassewagen von Opel, Ford, Daimler, BMW und Audi? Oder die zwischen den kleineren Modellen derselben Firmen? Rechtfertigen die lächerlichen Unterschiede den Einsatz von Hunderten von Millionen Mark an Entwicklungskosten, Hunderttausenden von Arbeitsstunden von qualifizierten Ingenieuren und Werkzeugmachern je Modell? Fast jeder der von den genannten Firmen produzierte PKW der Mittelklasse hat nämlich einen ganz ähnlich aufgebauten Motor, ähnliche Radaufhängungen und ähnliche Aufbauten. Üblich sind Vierzylindermotoren mit fünffach gelagerter Kurbelwelle, obenliegender Nockenwelle mit Antrieb durch Zahnriemen oder Rollenkette. Die Radaufhängungen sind mit doppelten Querlenkern oder als Federbein vorn, hinten meist als Schräglenkerachse ausgeführt. Eine ähnliche Typisierung in der konstruktiven Ausführung gilt für die untere Klasse.

Es bleiben nur geringfügige herstellerspezifische Eigenarten übrig, die in Anbetracht der Kosten, mit denen sie ins Leben gerufen wurden, eigentlich keine Existenzberechtigung haben. Und keine von diesen hat bis jetzt einwandfrei statistisch untermauert den Nachweis antreten können, dem Gesamtprodukt PKW zu besserer Funktionsfähigkeit und Wirtschaftlichkeit oder größerer Sicherheit verholfen zu haben als eine andere.

Das soll an einem Beispiel präzisiert werden: Der größtmögliche denkbare Unterschied in der Gesamtauslegung aller in der BRD angebotenen Mittelklassewagen ist der zwischen Vorder- und Hinterradantrieb bei vorn liegendem Motor. Es ist jedoch kein gesicherter Beweis dafür bekannt, daß eine der beiden Antriebstypen weniger häufig in Karambolagen verwickelt wird und weniger Unfallopfer fordert als die andere. Gäbe es diesen Beweis, so würden zum Beispiel alle Hersteller von frontangetriebenen Personenwagen ein unüberhörbares Werbekapital daraus schlagen. Mehr noch: aufgrund seiner eventuell lebensrettenden Eigenschaften müßte der Vorderradantrieb von Gesetzes wegen eingeführt werden, wie dies mit unbegreiflicher Verzögerung, trotz der in diesem Fall einwandfrei nachweisbaren positiven Eigenschaften, mit dem Sicherheitsgurt geschehen ist.

Ein jahrzehntelanger Wettbewerb auf dem PKW-Markt sowie fachwissenschaftliche Diskussion unter den PKW-Konstrukteuren haben nicht erkennen lassen, daß die eine der anderen Antriebsart um Punkte voraus ist. Somit ist eine der beiden Antriebstypen, entweder Vorderradantrieb oder Hinterradantrieb, lediglich als eine der vielen und im Grunde genommen unnötigen kostensteigernden Spielereien der PKW-Konstrukteure zu werten.

Übrigens zeigt sich hierbei wieder einmal eine der schizophrenen Geisteshaltungen der PKW-Industrie, die sie immer deutlicher zu einem im irrationalen Abseits praktizierenden Industriezweig stempeln. Obwohl nämlich noch nicht einmal die PKW-Hersteller selber in der Lage sind, die Vor- und Nachteile von Vorderrad- und Hinterradantrieb gegeneinander abzuwägen, um sich deutlich für den einen oder anderen zu entscheiden, erwarten sie das offenbar von ihren Kunden, denen sie mit ihrem unnötigen Doppelangebot, vor dem diese meist laienhaften Käufer natürlich recht ratlos stehen, auch die damit unweigerlich verbundenen Mehrkosten selbstredend aufhalst.

Das, was hier für das Beispiel des Antriebs dargestellt wurde, gilt in entsprechender Weise für nahezu alle technischen Details eines PKW. Der Markt ist voll von kostspieligen und gleichzeitig ineffektiven Parallelentwicklungen mit all ihren schon erwähnten Nachteilen.

Es scheint, daß die PKW-Industrie sich von den Erfahrungen der Hersteller elektrischer Haushaltsgeräte eine dicke Scheibe abschneiden könnte. Auch der Laie dürfte mittlerweile bemerkt haben, daß nahezu alle Großen dieser Branche schon seit geraumer Zeit in beachtlichem Umfang darauf verzichten, unnötige Parallelentwicklung und -produktion zu betreiben.

Eine Vielzahl aller in der BRD fertiggestellter Kühlschränke, die im Anspruch an Entwicklung und Fertigung durchaus vergleichbar sind mit einem PKW, laufen in einem einzigen Werk, der Kühlgerätefabrik der Firma Bosch in Giengen an der Brenz, vom Band. Hier werden z. B. 140-Liter-Kühlschränke auf einer einzigen bis ins kleinste durchdachten Fertigungsstraße produziert, die sich erst am Schluß in mehrere kurze Endstraßen verzweigt. Aber hier werden nur noch die unterschiedlichen Firmenzeichen aufgepappt. Es ist also im Prinzip fast gleichgültig, für welche Kühlschrankmarke man sich entscheidet. Ähnlich sieht es bei den anderen Haushaltsgeräten, den Geschirrspülern, Waschmaschinen, Bügeleisen usw. aus. Große Serien einheitlicher Haushaltsgeräte haben es möglich gemacht, ihren Preis während der letzten zehn Jahre nicht nur zu halten, sondern teilweise sogar entscheidend zu verringern. Es ist doch immerhin beeindruckend, einen Kühlschrank samt Innenausstattung, Aggregat, Isolierung und Abdeckplatte zu einem Preis zu erhalten, der unter dem eines simplen hölzernen Küchenmöbels gleicher Größe liegt.

Angesichts dieses eindeutigen, dem Verbraucher entgegenkommenden Rationalisierungseffekts durch Vereinheitlichung innerhalb der Elektronindustrie müßte man meinen, daß die stets ihren hohen Kostendruck beklagende PKW-Industrie diesen Ideen – wenn sie schon nicht in der Lage war, diese selbst zu vollziehen –, dann wenigstens raschestens nacheifern würde. Dem ist jedoch ganz und gar nicht so, wie sich anhand einfachster Beobachtungen feststellen läßt.

Allererstes Zeichen eines Trends zu kostensparender Vereinheitlichung könnte z. B. die Verwendung völlig gleicher fremdbezogener Teile, sogenannter Zulieferteile, sein. Anlasser, Lichtmaschinen, Scheibenwischermotoren, Servolenkungen und -bremsen, Heizungen, Auspuffe, Scheinwerfer, Rückleuchten, Türschlösser, Felgen, Bremsen, Kardanwellen und eine ganze Menge weiterer Autoteile bezieht die PKW-Industrie von einer Reihe darauf spezialisierter Zulieferfirmen. Noch in den frühen fünfziger Jahren war es durchaus üblich, daß die PKW-Firmen von einem dieser Zulieferer dieselbe Art von Scheibenwischermotoren bezogen. Das bedeutete, wie schon eben angedeutet, große Serie des gleichen Teils, einfache Ersatzteilbeschaffung, größere Zuverlässigkeit und geringere Kosten. Ein

Blick in das jetzige Lieferangebot desselben Scheibenwischermotorenherstellers zeigt eine verwirrende Typenvielfalt, da nicht nur jeder PKW-Hersteller für sein Produkt, sondern selbst für seine einzelnen Modelle unterschiedliche Scheibenwischermotortypen vorsieht, die nicht untereinander austauschbar sind. Das bedeutet für den Hersteller von Scheibenwischermotoren die mit immensen Kosten verbundene Unterteilung seiner Produktion in kleine und kleinste Serien, alles natürlich voll zu den finanziellen Lasten des Verbrauchers gehend.

Was für den Scheibenwischermotor gilt, gilt in ganz entsprechender Weise für alle anderen Zulieferteile.

Anlasser und Lichtmaschinen weisen je nach Fabrikat und Modell, für dessen Ausstattung sie vorgesehen sind, andere Flansche und Spannvorrichtungen auf, nur weil die PKW-Firmen nicht in der Lage sind, sich wenigstens auf eine einheitliche Art der Befestigung dieser Zusatzaggregate an ihren Motoren zu einigen. Servolenkungen müssen mit den unterschiedlichsten Gehäuseformen ausgeführt werden, weil man sich auch hier nicht auf eine einzige Grundform einigen kann. Gleiches gilt für Heizungen und Belüftungseinrichtungen. Ganz selbstverständlich kann auch nicht die PKW-Firma A dieselben Türschlösser wie die PKW-Firma B verwenden. Und dieser mangelnde Wille zur kostensparenden Vereinheitlichung hört noch lange nicht bei den trotz gleicher Reifengröße immer wieder anders geformten Felgen auf.

Ein gutes Beispiel dafür, wie auf diese Weise letztlich mit den Finanzen des Autonutzers umgesprungen wird, zeigt unter anderen das VW-Werk: Das schon für sich innerhalb einer unnötig großen Typenvielfalt dastehende Modell Passat wird mit sage und schreibe drei verschiedenen Scheinwerfersätzen angeboten: Runde Scheinwerfer für die L-Ausführung, Breitbandscheinwerfer für die S-Ausführung und schließlich Halogen-Doppelscheinwerfer für die TS-Ausführung.

Alle diese Feststellungen lassen ohne jeden Zweifel den Schluß zu, daß die PKW-Industrie noch nicht einmal dort, wo es am einfachsten ginge, nämlich bei den Zulieferteilen, die geringste Absicht zu einer beginnenden, kostensparenden Vereinheitlichung hat. Folgerichtig ist auch auszuschließen, daß sie selbst in fernerer Zeit, nach dem Beispiel der Elektroindustrie, sich auf einige wenige gemeinsam gebaute PKW-Typen einigen könnte.

Wir sind also noch weit von den Zeiten entfernt, in denen die ganze PKW-Industrie einen einzigen billigen Typ eines Mittelklassewagens auf Band legt, dem für die Käufer, die es etwas individueller lieben, am Bande noch rasch die unterschiedlichen Firmenzeichen Ford, VW, Mercedes usw. aufgeklebt werden.

Solange aber von den brachliegenden Möglichkeiten einer kostensenkenden Vereinheitlichung keinerlei Gebrauch gemacht wird, können weder die Klagen über den Kostendruck noch diejenigen, die diese verlautbaren, die Bosse der PKW-Industrie nämlich, ernst genommen werden.

22. Der Geschwindigkeitsmythos

Ohne jeden Zweifel wird der Schnelligkeit eines Personenkraftwagens eine erhebliche Bedeutung zugemessen – und das gleich von zwei Seiten.

So zum Beispiel von den Autofahrern. Für viele von ihnen sind die die Schnelligkeit eines Personenkraftwagens beschreibenden Daten – Höchstgeschwindigkeit, Beschleunigung und Motorleistung – weitaus mehr Maßstab für die technische Vollkommenheit eines Fahrzeuges als etwa Lebensdauer, Bequemlichkeit, Sicherheit und einfache Handhabung.

Und so natürlich auch von den PKW-Herstellern. Diese haben allein schon die erreichbare Höchstgeschwindigkeit von Modellen, die in Platzangebot und Gewicht miteinander vergleichbar sind, innerhalb der letzten zwanzig Jahre heftig angehoben. Die folgende Tabelle führt dazu einige Zahlenwerte auf.

Höchstgeschwindigkeit vergleichbarer PKW-Modelle der Baujahre 1954 und 1974				Zunahme der Höchstgeschwindigkeit
1954		1974		
DKW-Sonderklasse	120 km/h	VW-Passat L	145 km/h	20%
BMW 501	138 km/h	BMW 520	173 km/h	25%
VW 1200	110 km/h	VW Polo	132 km/h	20%
Opel Rekord	115 km/h	Opel Rekord	140 km/h	30%
Ford Taunus 12M	110 km/h	Ford Taunus	130 km/h	18%
Mercedes 180	126 km/h	Mercedes 200	160 km/h	27%

Darüber hinaus wurden in der Zwischenzeit eine ganze Reihe von völlig neuen Modellen geschaffen, deren Höchstgeschwindigkeiten in einem Bereich liegen, der noch vor zwei Jahrzehnten eigentlich mehr den Rennwagen vorbehalten blieb. Um einige aus der Palette des sehr umfassenden Angebots herauszugreifen:

Alfa Romeo Alfetta GT, 195 km/h
Audi 100 Coupé S, 185 km/h
BMW 3,0 CSL, 220 km/h
Ford Capri 2300 GT, 180 km/h
Mercedes 450 SLC, 215 km/h.

Wohlgemerkt, das sind Fahrzeuge, die in den gängigen Katalogen unter die Personenkraftwagen eingereiht sind, die jeder Führerscheingrünling erwerben und natürlich auch schnell, so wie es ihm beliebt, fahren darf.

Wer sich die Mühe macht, die Prospekte des PKW-Angebots des Jahres 1974 zu studieren, wird feststellen müssen, daß es praktisch keinen PKW gibt, dessen Höchstgeschwindigkeit im Einklang mit der in der BRD geltenden Autobahnrichtgeschwindigkeit von 130 km/h oder gar mit der Landstraßenhöchstgeschwindigkeit von nur 100 km/h steht. Im Gegenteil, die erreichbaren Höchstgeschwindigkeiten liegen weit oberhalb dieser Begrenzungen.

Noch auffallender wird das Bemühen der PKW-Produzenten um große Spitzengeschwindigkeiten ihrer Produkte, wenn man diese mit den im Ausland geltenden zulässigen Höchstgeschwindigkeiten vergleicht. Diese liegen nämlich in der Regel um einiges unterhalb der in der BRD für angemessen betrachteten Grenzen.

So kommt es zu dem Paradoxon, daß die auf den Autoexport angewiesene Bundesrepublik den impotierenden Ländern Personenkraftwagen verkauft, deren Höchstgeschwindigkeit in jedem Fall die zulässige Geschwindigkeit überschreitet. Im krassesten Fall, beim Export eines BMW 3,0 CSL nach Norwegen, beträgt die Überschreitung sogar 130 km/h oder 144%.

In den USA, die traditionell als autofreundlichstes Land der Welt gelten, sind die zulässigen Geschwindigkeiten für bundesrepublikanische Vorstellungen sogar enttäuschend niedrig. In diesem weiträumigen Land mit hervorragend ausgebautem Straßensystem und für das eine Reihe europäischer Hersteller sehr schneller Wagen einen Ausbau ihres Exportgeschäftes planen, beträgt die Höchstgeschwindigkeit in Städten 40 km/h

(BRD 50 km/h), auf Landstraßen 97 km/h (BRD 100 km/h) und auf Schnellstraßen 112 km/h (BRD unbegrenzt). Wer übrigens amerikanische Verkehrspolizisten kennt, weiß außerdem, daß es unbedingt ratsam ist, diese Begrenzungen einzuhalten.

Die Bedeutung, die die KFZ-Branche der Schnelligkeit ihrer Produkte zumißt, wird nicht zuletzt auch durch den Aufwand bestätigt, mit dem sie einige Rennabteilungen unterhält oder Privatrennfahrer unterstützt und mit dem sie sogenannte Höchstgeschwindigkeitsfahrzeuge, wie etwa den C 111 von Daimler-Benz, entwickelt und testet.

Tägliches Brot ist der Geschwindigkeitsmythos für die Werbeabteilungen der Autoproduzenten, in deren Fernsehspots und doppelseitigen Inseraten viele ihrer Produkte die Kurven gerade noch mit kreischendem Pneu zu nehmen vermögen.

Wenn nun also eine bedeutende Industrie, wie sie die PKW-Hersteller der BRD darstellen, mit einem so großen Aufwand in fast schon illegaler Weise ihren Produkten Schnelligkeit in einem Maß verleiht, das nachweislich die Grenzen des Erlaubten teilweise sogar um ein Vielfaches übertrifft, dann muß doch eine ganze Menge dahinterstecken. Das soll hier untersucht werden.

Übrigens erfordert diese Analyse weniger technische oder naturwissenschaftliche Qualifikation, als vielmehr einen gewissen Hang zu nüchterner und kritischer Betrachtung des allzugern nur sehr subjektiv betrachteten Geschwindigkeitskomplexes. Wesentlich für die Betrachtung ist die Kenntnis vom Zusammenhang zwischen Geschwindigkeit, Beschleunigung und Motorleistung.

Höhere Spitzengeschwindigkeit eines Fahrzeugs erfordert auch vergrößerte Beschleunigung, d. h. Geschwindigkeitszuwachs pro Sekunde. Ein PKW, der als Spitze 200 km/h fährt, soll diese Geschwindigkeit auch in annehmbar kurzer Zeit erreichen, dazu muß er einen rasanten Anzug haben, er muß, um mit den Worten eines Geschwindigkeitsenthusiasten zu sprechen, »davonschießen«. Das ist also Beschleunigung. Um diese nun einem Fahrzeug zu verleihen, ist eine hohe Motorleistung erforderlich.

Folgendes Zahlenbeispiel macht den Zusammenhang deutlicher: Dem BMW 501 des Baujahres 1955, einem Fahrzeug mit recht ansehnlichen Fahrleistungen, genügten ganze 65 PS, um in ausreichend kurzer Zeit auf seine Höchstgeschwindigkeit, nämlich auf genau 138 km/h zu kommen.

Der BMW des Jahres 1974, in Gewicht und Abmessungen mit

dem 501 vergleichbar, benötigt immerhin schon fast das doppelte an Motorleistung, nämlich 115 PS, um in erlebbarer Zeit die Spitze von 170 km/h erreichen zu können.

Der letztliche Sinn, Personenkraftwagen mit großer Spitzengeschwindigkeit und damit verknüpft auch guter Beschleunigung und hoher Motorleistung auszustatten, kann natürlich nur in einer höheren mittleren Fahrgeschwindigkeit und damit in einer kürzeren Fahrzeit zwischen Startpunkt und Zielort liegen.

Naheliegend ist deshalb die Frage nach der Zeitersparnis oder nach dem Zeitgewinn, den die Benutzung eines Personenkraftwagens mit einer Höchstgeschwindigkeit von 180 km/h anstelle einer solchen von vielleicht nur 120 km/h bringt. Eine einfache Untersuchung zeigt, daß dieser Zeitgewinn für den praktischen Beförderungsfall vernachlässigbar gering ist.

Die Fachhochschule Aalen, Baden-Württemberg, testete in Form einer Abschlußarbeit von zwei Ingenieurstudenten die Zeit, die unterschiedlichste PKW zum Durchfahren einer relativ gut ausgebauten, nahezu steigungslosen Bundesstraße mit nur einer Ortsdurchfahrt über eine Strecke von 17,5 km benötigten. Dabei konnte als wesentlichstes festgestellt werden: Die stärksten und eine hohe Spitzengeschwindigkeit erreichenden Fahrzeuge von der Klasse Porsche 911, Daimler-Benz 280 SE, BMW 2800 usw. benötigten im Schnitt 12,6 Minuten, Fahrzeuge der lahmen Sorte, Daimler-Benz 200 Diesel, Citroëns häßliches Entchen, Uralt-Käfer und dergleichen brauchten für dieselbe Strecke im Schnitt 13,4 Minuten. Der Zeitgewinn beim Einsatz der schnellsten Fahrzeuge gegenüber den langsamsten des deutschen PKW-Angebots auf einer Strecke, die ziemlich genau der Hälfte der vom Bundesbürger gefahrenen Tagesstrecke entspricht, betrug ganze 0,8 Minuten oder 48 Sekunden. Es findet sich wohl niemand, der den Mut zu der Behauptung aufzubringen vermag, dieser Zeitgewinn wäre für ihn von entscheidender Bedeutung.

Kritische Stimmen könnten nun die Richtigkeit der Testergebnisse mit dem Argument anzweifeln, daß schnelle Autos nicht unbedingt auch schnell, langsame dagegen nicht immer auch langsam gefahren werden müssen, wodurch dann die Fahrzeiten der unterschiedlichsten Autotypen sich annähern könnten. Eine derartige Argumentation wäre äußerst weltfremd. Wenige werden einen Porsche kaufen, um damit durch die Gegend zu bummeln, ebenso wenige werden wohl einen Mercedes Diesel als einen heißen Ofen nutzen wollen.

Gegen das Argument spricht außerdem das Ergebnis des folgenden Tests:

In der DDR wurden zwei gleiche Personenwagen auf die Reise geschickt. Der Fahrer des einen PKW hatte Auftrag und Erlaubnis, hektisch und mit teilweise überhöhter Geschwindigkeit die vorgegebene Strecke zu fahren, während der Fahrer des anderen PKW diszipliniert zu fahren hatte. Die Fahrstrecke betrug 1500 km. Der rasante Fahrer benötigte 20 Stunden und 12 Minuten. Der langsame 31 Minuten mehr. Ein Beweis dafür, daß auch unterschiedliche Fahrweise kaum einen Zeitgewinn bewirkt. Übrigens überholte der schnelle Fahrer 1359 (!) mal öfter und verbrauchte auf 100 km rund 2,7 Liter Treibstoff mehr als der pedantischere Fahrer.

Einen ganz ähnlichen Test hat eine westdeutsche Illustrierte vor einigen Jahren auf der Strecke Hamburg–Nizza durchgeführt. Die Ergebnisse hatten dieselbe Tendenz.

Vergleicht man den DDR-Test mit dem der BRD-Fachhochschule, so kommt man zu Zeitgewinnen etwa derselben Größenordnung. Holten die schnellen Fahrzeuge gegenüber den langsamen auf der Teststrecke von 17,5 km einen Zeitgewinn von 0,8 Minuten oder 48 Sekunden heraus, so erzielte die riskante Fahrweise auf gleich langer Strecke einen solchen von 0,36 Minuten bzw. 21,7 Sekunden. Das sind Zeitgewinne, die man angesichts des um sie getriebenen Aufwands vergessen kann.

So ganz nebenbei soll an dieser Stelle überschlägig berechnet werden, mit welchem Kostenaufwand der Zeitgewinn von 0,8 Minuten oder 48 Sekunden auf der 17,5 km langen Fahrstrecke herausgefahren werden kann.

Mit einem schnellen Porsche 911, der nach ADAC pro gefahrenem Kilometer einen Aufwand von DM 1,05 erfordert, kostet eine Fahrstrecke von 17,5 km DM 18,37. Weil beim häßlichen Entchen 2 CV von Citroen der Kilometer nur DM 0,437 erfordert, kostet hier dieselbe Fahrt nur DM 6,07. Der mittlere Zeitgewinn auf dieser Strecke von 0,8 Minuten verlangt somit einen Tribut von DM 18,37 – DM 6,07 = DM 12,30. Mithin verlangt eine ganze Stunde Zeitgewinn einen Aufwand von immerhin DM 922,–. Das ist ein Betrag, der angesichts seines dürftigen Nutzeffekts weder volks- noch privatwirtschaftlich zu rechtfertigen ist. Noch bedenklicher wird die Kostenhöhe für den Zeitgewinn, wenn man berücksichtigt, daß das schnelle Fahrzeug nur schneller als die langsameren ist, wenn es diese überholt. Überholvorgänge schließen aber immer erhöhtes Unfallrisiko ein, dessen Preis nicht nur in materiellen Schäden, sondern vor allem in dem durch nichts bezahlbaren Leid der Unfallopfer gemessen werden muß.

Warum bringen nun rasante Fahrzeuge mit hohen Spitzengeschwindigkeiten im praktischen Gebrauch außer einem Lustgewinn für den Geschwindigkeitsfan keine merklichen und volkswirtschaftlich nützlichen Fahrzeitverkürzungen? Die wesentlichste Antwort dafür ist: Das schnelle Fahrzeug ist nicht allein auf der Straße, und die wenigsten Straßen sind ausgebaute Rennbahnen. Kolonnenfahrten, Kurven, Baustellen, Ortsdurchfahrten, Witterungseinflüsse und anderes mehr zwingen auch leistungsstärkere Fahrzeuge in einen Verkehrsfluß von einer mittleren Geschwindigkeit zwischen 75 und 80 km/h. Ein Ausbrechen daraus ist dem Fahrer eines schnellen Wagen nur selten und dann nur durch oft risikobehaftete Überholvorgänge möglich.

Selbst bei mehrmaligem Überholen ergibt sich aber nur eine verschwindend kleine Erhöhung der mittleren Fahrgeschwindigkeiten, da sich der Überholende ja nur einige hundert Meter weiter vorn in den zähen Verkehrsbrei einordnet. Da diese kurze Strecke aber auch von den langsameren, den allgemeinen Verkehrsfluß bildenden Fahrzeugen immer noch relativ rasch durchfahren wird, ergibt sich gegenüber diesen eben nur eine unmerklich geringere Durchfahrtzeit – eben eine unbedeutender Zeitgewinn.

Einfache Rechnungen ergänzen die beschriebenen Tests, die mittlere Fließgeschwindigkeiten des Verkehrs von 75 km/h bis 80 km/h ergeben haben. Selbst dann nämlich, wenn in sehr theoretischer und wirklichkeitsfremder Weise angenommen wird, daß ein spurtstarkes Fahrzeug durch pausenloses Überholen die zulässige Spitze von 100 km/h ständig halten könnte, ergibt sich auch schon eine Durchfahrtzeit von 10,5 Minuten auf der 17,5 km langen Teststrecke, für die der Durchschnittsverkehr etwa 13 Minuten benötigt, mithin höchstens 2,5 Minuten Zeitgewinn.

Interessant ist, daß die bei beiden genannten Tests feststellbaren mittleren Fließgeschwindigkeiten des Normalverkehrs recht gut in den Bereich der sogenannten optimalen Beförderungsgeschwindigkeit paßt. Das ist die Geschwindigkeit einer gedachten Fahrzeugschlange mit größtmöglicher Beförderungsleistung.

Folgende Überlegungen sollen dieses Problem anschaulich machen: Jeglicher Straßenverkehr hat zur Aufgabe, in möglichst kurzer Zeit viele Personen in mehreren Personenkraftwagen von A nach B zu bringen. Ein einzelner PKW würde nun bei sehr rascher Fahrweise seine Insassen schnell ans Ziel bringen, bei mehreren PKW, die auf derselben Strecke mit derselben Richtung zur selben Zeit unterwegs sind, sieht die Geschichte jedoch anders aus. Hier muß zwischen den einzelnen Fahrzeugen ein gewisser Sicherheitsabstand gewahrt werden, der der hohen Fahrgeschwindigkeit halber sehr groß ist. Es ergibt sich eine lang auseinandergezogene Fahrzeugkolonne. Die Beförderungsleistung, gemessen in pro Minute am Ziel ankommender Personen ist gering.

Eine sehr dicht aufgeschlossene Fahrzeugkolonne erlaubt aufgrund des geringen Sicherheitsabstandes nur eine niedrige Fahrgeschwindigkeit und damit auch nur eine kleine Beförderungsleistung.

Mit einer einfachen Methode, nämlich mit einer von jedem Abiturienten beherrschten Optimierungsaufgabe, kann nun die nicht zu große und nicht zu kleine Fahrgeschwindigkeit ermittelt werden, die den größten Durchsatz an Personen ermöglicht. Diese optimale Beförderungsgeschwindigkeit liegt ebenfalls so um die 80 km/h. Die durch die Versuche bestätigte und die theoretisch ermittelte Fahrgeschwindigkeit stimmen recht gut überein.

Diese Tatsache macht wiederum eine merkwürdige Verhaltensweise der PKW-Industrie deutlich. Das Ziel aller ihrer recht erfolgreichen Bemühungen um Umsatzsteigerung ist das Entstehen immer dichterer Fahrzeugkolonnen mit damit ständig geringer werdenden mittleren Geschwindigkeiten. Trotzdem aber gibt sich die PKW-Industrie so, als hätte jeder von ihr produzierte PKW ein ganzes Straßennetz für sich allein und stattet ihn mit immer höheren und damit immer – jedenfalls vom verkehrssozialen Aspekt her – nutzloseren Geschwindigkeiten aus.

Sie gibt dem unkritischen Autofahrer nicht zuletzt ein Werkzeug in die Hand, das diesen zu asozialem Verhalten direkt auffordert. Sein noch nicht einmal für ihn selbst effektives Lückenspringen gefährdet vor allem die anderen Verkehrspartner, die sich in den sinnvolleren paternosterartigen Verkehrsfluß eingereiht haben.

Die Versicherungsstatistik weist deshalb deutlich aus, daß raschere Typen bestimmter Fahrzeugmodelle, z. B. die stärker motorisierten Coupévarianten irgendwelcher Basismodelle, die

Spitze der Risikofahrzeuge führen. Daß schnellere Fahrzeuge auch die sicheren sein sollen ist einfach unwahr.

Für den Verkehr auf Autobahnen, die vom Durchschnittsfahrer nur selten benutzt werden, gilt übrigens ähnliches, nur mit dem Unterschied, daß das mittlere Geschwindigkeitsniveau etwas höher liegt. Interessant ist jedoch, daß die so häufig zitierte, zum Politikum gewordene Richtgeschwindigkeit auf Autobahnen von 130 km/h, an die sich sinnigerweise niemand halten muß, von den allermeisten Personenwagenfahrern gar nicht ausgenutzt wird. Geschwindigkeitskontrollen im Herbst 1975 haben nämlich ergeben, daß etwa 80 % aller Kraftfahrer sich über weite Strecken nur mit Höchstgeschwindigkeiten bis zu 115 km/h bewegen.

Ein ganz wesentliches Argument gegen Fahrzeuge mit hoher Spitzengeschwindigkeit ist also zumindest, daß sie im praktischen Einsatz keine Zeitersparnis bringen. Es gibt aber noch eine Reihe weiterer guter Gründe, die gegen schnelle Personenkraftwagen sprechen.

So zeigen z. B. Versuche und Tests mit Personen auf Simulationsprüfständen und im Fahrzeug selbst, daß die Genauigkeit, mit der ein Fahrer ein rasch bewegtes Fahrzeug einer vorgeschriebenen Linie nachlenken kann, mit steigender Fahrgeschwindigkeit abnimmt. Die Präzision und damit die Sicherheit, mit der ein durch die Verkehrsumstände gegebener Kurs eingehalten werden kann, sinkt also gerade in dem Geschwindigkeitsbereich ab, in dem ein Lenkfehler katastrophale Folgen haben kann.

Der Fahrer eines schnellen Fahrzeuges versucht automatisch, diese Lenkungsgenauigkeit durch größere Konzentration auszugleichen. Durch die damit verbundene und durch Tests und Messungen nachgewiesene erhöhte Herztätigkeit bei verengten Blutgefäßen kommt es zu einer Streßsituation. Von Natur aus ist nun der menschliche Körper so beschaffen, daß diese Streßsituation durch erhöhte Muskeltätigkeit wieder abgebaut werden muß. Da der zum Stillsitzen verurteilte Autofahrer dazu nicht in der Lage ist, kommt es zu einem ungelösten, langanhaltenden Streßstau, der einerseits zu einer Entladung durch wachsendes Aggressionsbedürfnis drängt, was sich wiederum in noch schnellerem, riskanterem Fahren äußern kann und andererseits zum anhaltenden Kreislaufschaden führen kann. Mit Sicherheit sind eine Reihe von Herzinfarkten auf diesen Vorgang zurückzuführen.

Kommt es nun bei hohen Fahrgeschwindigkeiten zu einem Unfall, so sind die Folgen in fast allen Fällen weitaus heftiger als dies bei niedrigeren Fahrgeschwindigkeiten der Fall gewesen wäre. Das ist durch zwei ganz simple physikalische Gesetzmäßigkeiten begründet.

In jedem sich bewegenden Fahrzeug steckt Energie oder Arbeitsvermögen. Bei normalem Anhalten wird diese Bewegungsenergie dem Fahrzeug entzogen und in den Bremsen in ungefährliche Wärmeenergie umgesetzt. Ganz anders sieht das bei einem Unfall aus, der sich simpel als abrupter Halt ohne gesteuerten Bremsvorgang beschreiben läßt. Da hier die Bewegungsenergie nicht von den Bremsen aufgenommen werden kann, muß sie auf andere, meist unangenehmere Weise dem Fahrzeug entzogen werden. Und so äußert sich die Bewegungsenergie in energieaufnehmenden Zerstörungen und Verformungen am Fahrzeug selbst, am Unfallpartner, der ein Baum oder ein anderes Auto sein kann, und schließlich auch an der Unfallumgebung. Die Fahrzeug-Insassen spielen dabei die Rolle von zwischen die Mahlsteine gekommenen Getreidekörnern.

Im Prinzip spielt sich diese Energieumsetzung in ähnlicher Weise bei hohen und niedrigen Fahrgeschwindigkeiten ab, allerdings mit dem wesentlichen und schwerwiegenden Unterschied, daß die Bewegungsenergie des Fahrzeugs quadratisch mit der Fahrgeschwindigkeit zunimmt. Dazu ein Zahlenbeispiel: Erhöht sich die Fahrgeschwindigkeit eines PKW von 100 km/h um nur 22,3% auf 122,3 km/h, so vergrößert sich dabei die dem Fahrzeug innewohnende Bewegungsenergie schon um 50%. Das bedeutet nichts anderes, als daß die Heftigkeit der bei einem Unfall auftretenden Zerstörungen weitaus rascher ansteigt als die Geschwindigkeit selbst. Mit anderen Worten, der etwas erhöhten Fahrgeschwindigkeit und der dadurch gewonnenen verschwindend geringen Zeitersparnis steht ein um ein Mehrfaches gestiegenes Zerstörungsrisiko gegenüber. Soviel zu der ersten physikalischen Gesetzmäßigkeit, die einen Teil des Unfallgeschehens beschreibt.

Die zweite umfaßt ein anderes, nicht minder wesentliches Detail. Jeder Kraftfahrer weiß aus Erfahrung, daß ein Bremsvorgang um so heftiger wird, je kürzer der zur Verfügung stehende Bremsweg ist und je höher die vorher gefahrene Geschwindigkeit war. Dabei äußert sich die Heftigkeit des Bremsens in Form der auf den Fahrer und die anderen Insassen einwirkenden Kräfte, die so groß sein können, daß die auf den

Bremsvorgang nicht vorbereiteten Personen sogar von den Sitzen rutschen können.

Der den Unfall begleitende Aufprall auf einen Kollisionspartner oder auf irgendwelche Hindernisse ist nun im Grunde genommen nichts anderes als ein außergewöhnlich heftiger und ungewollter Bremsvorgang. Hierbei entspricht der zur Verfügung stehende Bremsweg oft nur der Stauchlänge des auf das Hindernis aufprallenden Fahrzeugbugs. Das sind nur wenige Zentimeter. Während ein Bremsweg von wenigstens ein paar Metern Länge schon Kräfte wirken läßt, die die Insassen von den Sitzen reißen können, wirken hier bei diesem kleinen Bremsweg Kräfte auf die Insassen ein, die das zigfache des jeweiligen Körpergewichts betragen und schwerste Verletzungen hervorrufen. Man versucht die Folgen dieser physikalisch bedingten Tatsache zu mildern, indem man durch konstruktive Tricks den Bremsweg beim Aufprall auf ein Hindernis vergrößert. Man baut »Knautschzonen« an Bug und Heck in das Fahrzeug ein. Bereiche in der Karosserie also, die sich möglichst gut durch die beim Unfall auftretenden Kräfte verformen lassen. Naturgemäß sind diesen Verfahren aber enge Grenzen gesetzt. Einmal soll der Fahrzeuginnenraum verformungsfrei bleiben, um die Insassen zu schützen, zum andern kann man nicht aus Gründen der Sicherheit vorn und hinten am Fahrzeug jeweils zwei Meter lange Bug- und Heckpartien anbringen. Abgesehen davon ist die Wirksamkeit der Knautschzonen umstritten. Auch hier ist die einfache und sichere Methode zur Verringerung von Unfällen und deren Folgen ganz schlicht der Verzicht auf hohe Spitzengeschwindigkeiten.

Obwohl der Großversuch mit Tempo 100 auf Landstraßen noch nicht lange läuft, lassen erste Auswertungen einen bemerkenswerten Zusammenhang zwischen Höchstgeschwindigkeit und Unfallzahlen erkennen. So stellte das Bundesverkehrsministerium im Frühjahr 1975 einen Rückgang der Verkehrsunfälle um 8,1% fest, der eindeutig auf die 100-Kilometer-Beschränkung zurückzuführen ist. Die Anzahl der Todesfälle ging sogar um 12,6% zurück.

Um es genauer zu spezifieren: Es gab 12% weniger Zusammenstöße, 17% weniger Auffahrunfälle und Abkommen von der Fahrbahn, es wurden 13% weniger Radfahrer und 23% weniger Fußgänger angefahren. In den USA wurde eine ähnliche Tendenz beobachtet. Hier brachte die Begrenzung der Höchstgeschwindigkeit auf 88 km/h eine Verringerung der Verkehrstoten um 18%.

Geschwindigkeitsbegrenzung reduziert also eindeutig das Unfallaufkommen. Die halbherzige Festlegung der Richtgeschwindigkeit auf deutschen Autobahnen, die keinerlei Begrenzungscharakter hat, bringt nachweislich auch keine Verringerung der Zahl der Unfallopfer. 1975 starben hier deshalb 13,4% mehr Menschen den Unfalltod als ein Jahr zuvor.

Die zur Zeit sehr unsichere und noch weniger auf Dauer gelöste Energiesituation verlangt den Hinweis auf den mit steigender Fahrgeschwindigkeit heftig anwachsenden Treibstoffverbrauch eines Fahrzeugs. Eine Vorstellung darüber soll die untenstehende Tabelle vermitteln.

Hier ist für verschiedene PKW-Modelle der exakt meßbare Treibstoffverbrauch pro hundert Kilometer Fahrstrecke bei mehreren konstanten Fahrgeschwindigkeiten eingetragen.

Die Zahlen zwischen den Spalten geben an, um welches Maß der Treibstoffverbrauch ansteigt, wenn eine nur um 20 km/h höhere Fahrgeschwindigkeit gewählt wird.

Modell	Fahrgeschwindigkeit in km/h										
	60		80		100		120		140		160
VW Käfer (34 PS)	5,5	0,6	6,1	1,6	7,7	2,8	10,5				
VW Passat Aut. (85 PS)	5,6	1,0	6,6	1,7	8,3	0,9	9,2	2,3	11,5		
BMW 520 (115 PS)	7,3	1,0	8,3	1,1	9,4	1,6	11,0	2,4	13,4	3,6	17,0

Diese Liste ließe sich beliebig fortsetzen und würde in jedem Falle anhand der Zahlen zwischen den Spalten deutlich machen, daß mit wachsender Fahrgeschwindigkeit der Treibstoffverbrauch überproportional mitwächst.

Wohlgemerkt, die Zahlenwerte in der Tabelle geben nur den Treibstoffverbrauch eines PKW bei Fahrt auf ebener guter Fahrbahn an, ohne merklichen Gegenwind und bei völlig konstanter Geschwindigkeit. Vor allem Steigungen und Gegenwind lassen ihn natürlich weiter anwachsen. Und, was nicht jedem Autofahrer klar zu sein scheint: Schon der Wunsch nach höherer Fahrgeschwindigkeit, dem durch vermehrten Fußdruck aufs Gaspedal Ausdruck verliehen wird, kostet wesentlich erhöhten Treibstoffverbrauch, lange bevor die gewünschte Geschwindigkeit erreicht worden ist. Jeder Beschleunigungsvorgang verlangt also seinen Treibstofftribut.

Und schließlich muß auch jeder Bremsvorgang aus hohen Geschwindigkeiten herunter mit erhöhtem Treibstoffverbrauch erkauft werden, da die im rollenden Fahrzeug investierte Energie in den Bremsen in nutzlose Wärme umgesetzt wird, anstatt für einen langen Ausrollvorgang ausgenutzt werden zu können.

So verlangte die durch Aufheben der allgemeinen Geschwindigkeitsbegrenzung nach dem Energieschock im Frühjahr 1974 wieder begünstigte, volkswirtschaftlich nicht positiv feststellbare Rasanz der allgemeinen Fahrweise immerhin eine Mehrproduktion von rund 70 Millionen Tonnen Treibstoff pro Jahr.

Gegen hohe Fahrgeschwindigkeiten sprechen weiter folgende Überlegungen: Nach Auffassung der Befürworter hoher Fahrgeschwindigkeiten, vornehmlich also Vertreter der Automobilindustrie und der Autofahrerverbände, hat sich der Straßenbau tunlichst nach den von der PKW-Technik jeweils gegebenen Spitzengeschwindigkeiten zu richten. Das hat mit dazu geführt, daß neben mehr Straßen, die erforderlich sind, um die in den letzten zwanzig Jahren gewachsene Masse des Kraftfahrzeugverkehrs aufzunehmen, eben auch breitere Straßen mit geringeren Steigungen, weiteren Kurven usw. gebaut und für Spitzengeschwindigkeiten ausgelegt wurden, die eigentlich gar nicht realisierbar sind. So ist ein großer Teil unseres teuer bezahlten Fahrbahnsystems für die praktisch nur möglichen geringeren Geschwindigkeiten überqualifiziert.

An dieser Stelle ist die Frage danach berechtigt, ob die PKW-Industrie um die geringe Effektivität von Fahrzeugen mit hoher Spitzengeschwindigkeit und den damit verknüpften, teuer zu bezahlenden nachteiligen Eigenschaften überhaupt weiß.

Ganz sicher weiß sie. Dazu sind die Tests zur Feststellung des geringen Zeitgewinns bei schnelleren Fahrzeugen zu einfach durchführbar, als daß die Versuchsabteilungen der PKW-Hersteller sich nicht schon damit beschäftigt und entsprechende Ergebnisse gewonnen hätten. Und in Anbetracht des mageren Ergebnisses erscheint es denn auch nicht verwunderlich, warum die Public-Relations-Abteilungen aller PKW-Firmen darüber nichts verlauten lassen und sich in ihren Prospekten an im Grunde genommen völlig uninteressanten Zahlenangaben gütlich tun. Die hier zu findenden Zahlenwerte über Höchstgeschwindigkeit, allenfalls noch Beschleunigungszeiten zum Erreichen bestimmter Geschwindigkeiten oder gar der Antriebsleistung des jeweiligen Fahrzeugs, haben nur einen sehr indirekten und für den Laien in Wirklichkeit gar nicht zu entschlüsselnden Zusammenhang mit dem Wert, der letztlich beim Gebrauch eines Fahrzeugs interessiert, nämlich eben den der jeweiligen Fahrzeit auf einer bestimmten Strecke. Somit beschränkt sich die Mitteilungsfreude der Werbeabteilungen der PKW-Hersteller auf Daten, die im Grunde genommen so uninteressant sind, wie die Angaben über Gewicht und Leistung der Diesellokomotive eines Eilzuges im Kursbuch anstelle der Abfahrts- und Ankunftszeiten. Schließlich ist doch in jedem Falle für den Benutzer nur die Dauer des Transportvorgangs und nicht die Art der dazu benötigten Mittel von Interesse.

Ein PKW-Hersteller, der nicht fähig ist, den Effekt seiner konstruktiven Bemühungen um schnellere Fahrzeuge deutlich zu machen, verhält sich aber wie eine Werft, die U-Boote baut, ohne deren Tauchfähigkeit unter Beweis zu stellen. Zugegebenermaßen ist es natürlich viel einfacher, sich auf Angaben wie Höchstgeschwindigkeit, Beschleunigungszeit und Antriebsleistung zu beschränken. Handelt es sich hierbei doch um einfach zu ermittelnde Meßwerte. In die Bestimmung einer PKW-spezifischen Fahrzeit müßten dagegen eine Reihe von sehr praxisnahen und nicht einfach zu erfassenden Faktoren eingehen. Um einige zu nennen: Die mittlere Transportzeit eines PKW ist z. B. abhängig von seinem Startvermögen bei niedrigen Temperaturen. Selbst ein 200 km/h fahrender PKW ist im Endeffekt langsamer, wenn er aufgrund seiner nur unwillig Gas annehmenden Maschine die ersten zwei km von den zu fahrenden 5 km nur im Bummeltempo fahren kann. Einen weiteren Einfluß hat die Handlichkeit und Wendigkeit eines Fahrzeugs auf die Fahrzeit. Auch Witterungseinflüsse machen sich bemerkbar: Mit einem leichteren Fahrzeug kann man auf Schnee und Eis auch bei niedriger Spitzengeschwindigkeit rascher fahren als mit PS-starken Paradewagen.

Man könnte sich nun vorstellen, daß die PKW-Hersteller sich auf einen Normfahrzyklus einigen, in den mit der in der Praxis vorkommenden Parität alle die genannten und noch weitere die Fahrzeit beeinflussenden Faktoren eingebaut sind. Dieser Normfahrzyklus ließe sich mit Computerunterstützung aus einer Vielzahl von Einzelfahrten ermitteln. Das jeweilige Fahrzeugmodell würde nun im Simulationsversuch auf diese nur im Computer gespeicherte Teststrecke gelassen, wobei dann exakt eine fahrzeugspezifische Durchfahrzeit ermittelt werden könnte.

Dem Laien mag der geschilderte Aufwand als zu groß und

anspruchsvoll vorkommen. Es sei deshalb gesagt, daß die KFZ-Industrie schon jetzt etliche solcher Programme benutzt. So gibt es z. B. Fahrzyklen zur Ermittlung des Abgasausstoßes oder zur Feststellung der Reichweite von Elektrofahrzeugen.

In Anbetracht des Ingenieurs- und Computerpotentials der PKW-Industrie ist auch hier anzunehmen, daß eine derart naheliegende Untersuchung schon längst im stillen Kämmerlein stattgefunden hat. Und wenn Prospekte und Kataloge keine Angaben über Fahrzeiten von Fahrzeugen mit großer Höchstgeschwindigkeit enthalten, dann kann das, wie weiter vorn schon erwähnt, nur an dem zu geringen und damit wenig publikumswirksamen Effekt liegen.

Warum nun setzt die PKW-Industrie einen Großteil ihres Entwicklungspotentials ein, um Autos zu bauen, deren Spitzengeschwindigkeit die offiziell vorgeschriebenen Grenzen weit übersteigt und obwohl ihr bekannt sein muß, daß der praktische Nutzeffekt »schnellerer« Fahrzeuge nahezu unmerklich ist?

Dafür lassen sich im wesentlichen zwei Gründe finden. Erstens geben hohe Höchstgeschwindigkeit und die dazu erforderlichen Beschleunigungswerte und großen Motorleistungen leicht faßbare und gut zu vergleichende Zahlenwerte für das Werbematerial her. Mit ihnen lassen sich Verkaufsargumente aufbauen, denen der unkritische und laienhafte Autokäufer – das ist keinerlei Herabsetzung, sondern nur schlichte Feststellung seines Wissenstandes auf technischem Gebiet – anheimfällt. Bewußt mangelhafte Aufklärung und fehlende Hinweise auf eventuelle andere, dem Autofahrer im Grunde genommen weit dienlichere Eigenschaften eines PKW, wie z. B. Wirtschaftlichkeit, einfache Handhabung, Bequemlichkeit, Zuverlässigkeit, lange Lebensdauer usw. haben während der letzten Jahre zu einer übertriebenen Bewertung des Fahrzeugs nur aufgrund dieser Leistungsangaben geführt und setzen die Tendenz zur laufenden Erhöhung dieser Werte fort.

Den Verkaufsargumenten hohe Geschwindigkeit und Beschleunigung fällt der Autoverkäufer übrigens gerne anheim. Das fatale ist nämlich, daß gerade diese überzeugend nacherlebt werden können. Der Druck im Rücken, den der Fahrer eines heftig beschleunigenden Fahrzeugs spürt, ist für viele ein Lustgewinn, und das Vorbeischießen am langsameren Verkehrsteilnehmer genügt manchem schon als Erfolgserlebnis. Die Begeisterung an solcherart erlebter passiver Bewegung verdrängt die Reflexion über ihre Nützlichkeit. Die Tatsache, daß der menschliche Körper Beschleunigung und Relativgeschwindigkeit bewerten kann, wird deshalb von der KFZ-Branche ausgenützt.

Unglücklicherweise hat das menschliche Wesen jedoch nicht die Gabe, die erst sehr mittelbar aus Geschwindigkeit und Beschleunigung sich ergebende Fahrzeit und damit einen eventuellen Zeitgewinn im voraus abschätzen zu können; uns fehlt die innere Uhr, die uns den durch mehr oder weniger rasche Fortbewegung zu erzielenden Zeitgewinn ablesen läßt.

Dementsprechend verhält sich der PKW-Fahrer üblicherweise nach der Devise, daß die kurzzeitig erreichte höhere Fahrgeschwindigkeit und der durch das Beschleunigungsvermögen seines Fahrzeugs erst mögliche Überholvorgang schon irgendwie eine Verringerung der Fahrzeit bringen mag, wenn auch nicht genau feststeht, wie groß diese sein wird. Nachweislich ist diese unwahrscheinlich gering. Fragetests zeigen übrigens, wie erschreckend unfähig der Autofahrer ist, hier richtig zu schätzen. So wurde z. B. von durchaus erfahrenen Kraftfahrern der Zeitgewinn auf der von der Fachhochschule Aalen beobachteten Fahrstrecke von 17,5 km zwischen dem langsamsten und dem schnellsten Fahrzeug auf bis zu 10 Minuten eingeschätzt, in Wahrheit betrug er im Mittel aber nur 0,8 Minuten.

So wie er sich während des Gebrauchs seines Fahrzeugs verhält, so handelt der Durchschnittsautofahrer auch beim Kauf seines Fahrzeugs in dem Glauben, schneller komme wahrscheinlich eher an. Und obwohl er sich keineswegs darüber im klaren ist, ob der Aufwand auch den Effekt lohnt, schafft er sich dann oft das schnellere Modell mit dem stärkeren Motor an.

Diese gesamte Marschrichtung der Autonutzer, auf Verdacht hin durch schnellere Fahrweise mit dem schnelleren Auto auch schneller am Ziel zu sein, ist der PKW-Industrie äußerst angenehm, und sie hat keinerlei erzieherische Ambition, die Situation zu verändern, denn zweitens: jeder Schritt zur höheren Fahrgeschwindigkeit vermehrt ihren Umsatz in nahezu jedem Detail.

Es lohnt sich, hierüber genauere Beobachtungen anzustellen.

Die innerhalb und außerhalb des Fahrzeugs wirkenden Kräfte nehmen im wesentlichen im Quadrat der Fahrgeschwindigkeit zu. Steigt die Fahrgeschwindigkeit nur von 100 km/h auf 140 km/h, dann bedeutet das eine Verdoppelung aller im Antriebssystem eines PKW wirkenden Kräfte. Es ist keine Frage, daß die höhere Beanspruchung den Werkstoff der beteiligten Bauteile rascher ermüdet und zum Bruch führt und daß der Verschleiß aneinandergleitender und rollender Elemente, Lager, Kolben im Zylinder, Dichtteile usw. anwächst.

Die vermehrte Belastung praktisch aller Teile des Antriebssystems gilt nun nicht nur etwa während der erhöhten Fahrgeschwindigkeit, sondern schon dann, wenn diese durch Niedertreten des Gaspedals angestrebt wird.

Während des hier auftretenden Beschleunigungsvorgangs nämlich gibt der Motor eine höhere als zur Einhaltung einer konstanten Geschwindigkeit erforderliche Leistung über das Antriebssystem ab, das dieses zusätzlich beansprucht.

Der Fahrer, der bemüht ist, die Reserven seines schnellen Fahrzeugs zur Geltung zu bringen, wird im normalen Straßenverkehr durch häufiges Beschleunigen und während kurzzeitigen Erreichens seiner höheren Fahrgeschwindigkeit praktisch ständig sein Fahrzeug heftig beanspruchen und damit die vorgesehene, sowieso schon recht geringe Lebensdauer nur noch weiter verringern.

Mit einem Absinken der Lebensdauer ist aber stets der für die PKW-Industrie sehr lukrative Ersatz ganzer Bauteilgruppen, Motor, Getriebe, Differential, Radlagerungen, Bremsen usw. oder des ganzen Fahrzeugs verbunden.

Die PKW-Hersteller verdienen jedoch nicht allein über den geschwindigkeitsbedingten Verschleiß, sondern an der für ein rasches Fahrzeug mehr oder weniger erforderlichen teuereren Ausstattung.

Einer der zusätzlichen Umsatzmacher ist dabei der Bremskraftverstärker. Bremsen sind so etwas wie umgedrehte Motoren und schlucken Energie, während jene sie erzeugen. Eine Faustregel besagt, daß die Spitzenbremsleistung eines PKW das zehnfache der zur Verfügung stehenden Antriebsleistung des Motors betragen soll. Bei einer Motorleistung von 100 PS beträgt also die Bremsleistung rund 1000 PS. Eine beeindruckende Zahl! Um diese riesige Bremsleistung auch auf die Räder zu bringen, wäre eine Pedalkraft am Bremspedal erforderlich, die ein Mensch gar nicht erzeugen könnte. Seine Fußkraft muß deshalb unterstützt werden durch die Kraft eines Zusatzgerätes, eben durch den Bremskraftverstärker. Er schlägt im Schnitt mit DM 250,– zu Buche.

(An anderer Stelle wurde es schon einmal erwähnt: mit Trommelbremsen ausgestattete PKW brauchen keine Bremskraftverstärker, da in richtig ausgelegten Trommelbremsen von allein die erforderliche Bremskraftverstärkung entsteht.)

Höhere Fahrgeschwindigkeiten und das größere, auf der Vorderachse ruhende Gewicht des stärkeren Motors verlangen hohe Kräfte im Lenksystem eines Personenkraftwagens. Mit einem weiteren Hilfsaggregat, einer Servolenkung, können die vom Fahrer am Lenkrad aufzubringenden Kräfte verringert werden. Das ermöglicht auch die bei rascher Fahrt erforderlichen schnellen und präzisen Lenkreaktionen. Servolenkungen sind im Schnitt mit zusätzlichen DM 1000,– zu veranlagen.

Große Geschwindigkeiten erfordern besondere Reifen, die in der Lage sind, die größeren Lenk -, Brems- und Antriebskräfte aufzunehmen und die so gebaut sind, daß sie nicht durch die bei hohen Geschwindigkeiten auftretenden Fliehkräfte zum Platzen gebracht werden.

Natürlich sind diese Reifen sehr viel teurer als die nur für kleinere Geschwindigkeiten gedachten. Aus Sicherheitsgründen ist es oft auch nicht möglich, mit den billigeren runderneuerten Reifen zu fahren.

Ganz selbstverständlich ist der Verschleiß von Bremsen und Reifen der einem schnellen Fahrzeug gemäßen Fahrweise nach entsprechend groß.

Fazit aller bisherigen Überlegungen: Es sind nicht die Autofahrer, sondern im wesentlichen die PKW-Hersteller, die von ihrem hausgemachten Geschwindigkeitsmythos profitieren.

Die notwendige Beförderungsleistung könnte dagegen von einem Personenwagen erbracht werden, dessen konstruktive Höchstgeschwindigkeit die in den meisten Ländern der Erde zulässigen Höchstgeschwindigkeiten auf keinen Fall überschreitet und somit bei maximal 120 km/h liegt.

Um ausreichende Beschleunigungen zu gewährleisten, genügt bei einem Gesamtgewicht von 1400 kg des 4- bis 5-sitzigen Fahrzeugs eine maximale Motorleistung von 45 bis 50 PS. Personenkraftwagen mit größeren Fahrgeschwindigkeiten und höheren Motorleistungen gehen an dem ihnen zugedachten Einsatzzweck als Individualverkehrsmittel vorbei und dienen vornehmlich als Spielzeug kindischer Auto-Fans.

Wenn schnelle PKW trotz der Kenntnis der Hersteller um ihre eigentliche Ineffektivität gebaut werden, können sie nichts anderes als geplante Fehlkonstruktionen sein.

Eine ganz spezielle Entwicklung der letzten Zeit beweist besonders nachhaltig das Irrationale des forcierten Hochleistungs- und Hochgeschwindigkeitsmythos.

Seit dem Frühjahr 1976 gibt es in der BRD etwa 300 Händler,

die einen für Opel-Fahrzeuge entwickelten Umbausatz vertreiben und einbauen, dessen Aufgabe die Leistungsverringerung des jeweiligen Motors ist.

Beim Rekord 1900 wird mittels des vom TÜV abgenommenen Umbausatzes die Leistung von 90 PS auf 55 PS gesenkt. Dadurch fällt die Versicherung um 3 Klassen und man kann anstelle Superbenzins jetzt Normaltreibstoff tanken. Trotz allem schafft der Rekord dann immer noch eine Spitze von 133 km/h und die Beschleunigung von 0 auf 100 km/h sinkt fast unmerklich von 15 auf 20 Sekunden. Außerdem verringert sich der Treibstoffkonsum um 1,5 bis 3 Liter pro 100 km. Einschließlich TÜV-Gutachten kostet der Umbau DM 110,–. Ähnlich werden auch die 1200er Opelmotoren von 60 auf 45 PS, die Commodoremotoren von 130 auf 75 PS gedrosselt. Fahrtests mit derart abgespeckten Fahrzeugen zeigen, daß sie keineswegs zu lahmen Enten werden. Das stimmt mit den grundsätzlichen Überlegungen dieses Kapitels überein.

Dieses Verfahren des »rin in die Kartoffeln« und »raus aus den Kartoffeln« wird natürlich in jedem Falle vom Autohalter finanziert und sollte ein Anlaß mehr für ihn sein, die Machenschaften der PKW-Industrie künftig sehr rational und kritikfreudig zu betrachten.

23. Wege aus der Misere

Die Volkswirtschaft der BRD hat sich in einem beachtlichen Umfang von einer Industriesparte abhängig gemacht, deren Anteil am Bruttosozialprodukt zu einem Großteil in der Fertigung von zu kurzlebigen, oft ineffektiven und technisch nicht mehr zeitgemäßen Produkten besteht. Und es wirkt geradezu lächerlich, wenn an höchster Stelle stehende Politiker das VW-Werk der Käfer-Monokultur bezichtigten, selber aber keinerlei Vorsorge getroffen haben, die ganze BRD vor der PKW-Monokultur und deren Gefahren zu bewahren.

Die krebsgeschwulstartige Integration der PKW-Industrie in die wirtschaftliche Struktur macht eine radikale und abrupte Zäsur jedoch unmöglich. Wir befinden uns in der Situation eines Piloten, der nach schnellem Flug durch den Nebel plötzlich in klares Gebiet kommend Berggipfel vor sich auftauchen sieht.

Trotz der rasch nahenden Gefahr muß er die Maschine mit langsamen und vorsichtigen Ruderbewegungen über das Hindernis ziehen, da zu rasche Steuerbewegungen das Flugzeug gefährlich beanspruchen könnten.

Ein Eingriff in die Situation, in die uns das Tun der PKW-Hersteller gebracht hat, muß ebenfalls vorsichtig und eine Veränderung der volkswirtschaftlichen Struktur in Etappen erfolgen.

1. Etappe: Langzeitmodell

Eine erste wirksame und jederzeit realisierbare Etappe könnte die Fertigung eines sogenannten Langzeitmodells sein. Ein Blick in die Prospekte zeigt, in welchem Maß die PKW-Industrie in der Lage ist, jede nur erdenkliche Marktlücke mit irgendeinem Modell zu füllen. Hierbei ist ihr kein Aufwand zuviel, wenn es darum geht, althergebrachte Technik in immer wieder neue neckische Blechkleider zu hüllen.

So ist es durchaus üblich, von jedem Basistyp auch immer gleich irgendeine sogenannte sportliche Version feilzubieten.

Diese etwas schnelleren Fahrzeuge entstehen nicht von ungefähr. Aus Gründen der Kostenersparnis wird die Mehrzahl der Bauelemente dem Programm der gemäßigten Grundversion entnommen. Das bedeutet nichts anderes, als daß über die Gemeinkosten die Käufer des normalausgestatteten Modells die Leidenschaften sogenannter sportlicher Autofahrer mitfinanzieren müssen. Die eigentliche Ineffektivität dieser »Sportwagen«, nämlich unvertretbar geringer Zeitgewinn auf alltäglichen Fahrstrecken und keine statistisch nachweisbare Verringerung des Unfallgeschehens durch die höhere Überholbeschleunigung, sind bekannt.

Weitaus sinnvoller im Interesse des durchschnittlichen Autofahrers wäre es dagegen, mit demselben Entwicklungsaufwand, Produktionsumfang und der gleichen Kostenhöhe Langzeitmodelle einzuführen. So wie sich die Kurzzeichen TT, TI, S, RS und ähnliche mehr als Signale für »luxuriösere« bis »sportlichere« PKW-Vatianten eingeführt haben, so müßten Buchstaben wie L, LZ oder ähnliche für die Eigenschaft langlebig oder für Langzeitmodell stehen.

Dabei muß betont werden, daß dieses Langzeitmodell nicht mit dem projektierten Langzeitauto identisch ist.

Es spricht nichts wirklich gegen das alternative Angebot einer besonders langlebigen Version von jedem auf dem Markt sich befindenden Basistyp eines PKW. Im Gegenteil, das Einführen der Langzeitautoidee mittels eines zuerst in kleinen Serien produzierten und von der Normalserie abgeleiteten langlebenden Modells ließe der PKW-Industrie Zeit zum allmählichen Umdenken und Einführen neuer Fertigungs-, Verkaufs- und Wartungsmethoden oder neuer Produkte. Die technische Seite ist beherrschbar, da sie auf vorliegende Kenntnisse und Fähigkeiten zurückgreifen kann. So müßten Bodengruppe und Aufbau der Langzeitmodelle aus dickeren und feuerverzinkten Blechen großer Korrosionsbeständigkeit gefertigt werden. Wo erforderlich, müßten die Bauelemente des mechanischen Antriebssystems, also Wellen, Lager, Gelenke usw. verstärkt werden. Als Antriebsmaschine könnte der meist sowieso schon im Baukastensystem greifbare größtvolumige Motor, gedrosselt auf eine Leistung von 25 PS pro Liter Hubraum, vorgesehen werden.

Wenig mehr als diese Maßnahme wäre ausreichend, ohne besondere Entwicklungskosten und Mehrfertigungskosten einen PKW auf Band zu legen, der während einer Lebensdauer von etwa 20 Jahren eine Fahrstrecke von 250000 km mit einem Geringstaufwand an Reparaturen und Wartung absolvieren kann. Die unproblematische Realisierung dieser Forderungen steht um so mehr außer Frage, als hiermit im Grunde genommen nur ein Lebensdauerstandard angepeilt wird, der schon 1955 greifbar und in einigen damaligen Modellen sogar verwirklicht wurde.

Mindestens im selben Maß der Bereitwilligkeit, mit der die PKW-Industrie unsinnige »sportliche« Autos produziert, hat die Gruppe der vernünftigen Autofahrer das Recht auf ein solches besonders beständiges Fahrzeug.

Nicht nur unter diesem Aspekt erscheint die Entwicklung und die inzwischen angelaufene Produktion des neuen Porsche-Sportwagens 924 besonders bedenklich. Die Krise in der Autoindustrie während der Jahre 1974 und 1975 und die sich daraus ergebende Umstrukturierung des VW-Konzerns drohten dessen württembergischen Zweigwerken mit der Stillegung. Interventionen der Landesregierung hatten zum Ergebnis, daß die Weiterbeschäftigung durch Produktionsaufnahme des Typs 924 gesichert wurde. Anstelle mit der Produktion dieses Spielzeugs für Arrivierte hätte man mit demselben Effekt der Existenznot der Beschäftigten mit der Herstellung der Langzeitversion eines der Modelle aus dem umfangreichen Typenangebot des VW-Konzerns begegnen können. Gerade die für kleine Serien eingerichteten württembergischen Zweigwerke wären für die Fertigung eines »Langzeitpassats« geeignet gewesen. Ein solches Produkt hätte übrigens auch dem Image des »Musterländles« weitaus besser gestanden, als irgendeines dieser weltweit so reichlich wie unnötig angebotenen Blechrennerle.

Die Beharrlichkeit, mit der selbst in solchen Notsituationen die PKW-Industrie auf der Produktion von Blech-Tand besteht, verstärkt den Verdacht, daß sie unter keinen Umständen die Vorstellungen des Verbrauchers an eine andere als die praktizierte geringe Lebensdauer gewöhnen möchte. Sie nimmt dafür anscheinend eher die unsicheren Absatzchancen eines »Sportwagens« in Kauf, der eigentlich nicht mehr in die Szene sich verringernder Rohstoffvorräte und hoher Arbeitslosenquoten paßt, anstatt die bislang so unerfüllt gebliebene große Nachfrage nach langlebigen und wertbeständigen PKW zu befriedigen.

2. Etappe: Langzeitauto

Steigende Rohstoff- und Energiepreise verbieten es von selbst, den PKW auch in Zukunft als Konsumgut betrachten zu können, das man nach kurzem Gebrauch ohne weitere Überlegungen auf die Schrotthalde kippt. Die wachsenden Anschaffungs- und Unterhaltungskosten lassen sich nur noch ertragen, wenn sie über ein Mehrfaches der momentan üblichen Nutzungsdauer verteilt werden können.

Das führt selbstverständlich zur Entwicklung von Langzeitautos, die sich von bisherigen PKW-Typen, auch vom oben erwähnten kurzfristig schaffbaren Langzeitmodell, grundlegend unterscheiden werden. Bisher getroffene Untersuchungen zeigen, daß erst andere Konstruktionsprinzipien, andere Werkstoffe und neue Reparatur- und Wartungsmethoden zu einem Fahrzeug führen werden, das während einer Lebensdauer von etwa 35 Jahren eine Fahrstrecke von 300000 km absolvieren kann, ohne dabei funktionell und optisch wesentlich zu altern und das gleichzeitig so gestaltet ist, daß die in ihm eingesetzten Werkstoffe jederzeit mit einfachen Methoden recyclefähig sind, d. h. mit geringstem Aufwand wieder in den allgemeinen Werkstoffkreislauf einzugliedern sind.

3. Etappe: Alternative Individualverkehrsmittel – die Kabinenbahn

Es gibt eine Reihe ernstzunehmender Prognosen, die eine Sättigung des PKW-Marktes in der Bundesrepublik für etwa 1985 voraussagen. So schätzt die Deutsche Shell AG den PKW-Bestand zu diesem Zeitpunkt auf 23 Millionen Stück. Momentan sind es 18 Millionen. (Die Shell AG hat auch den gegenwärtigen

PKW-Bestand schon vor zehn Jahren mit einer Fehlerquote von nur 6% vorausgesagt.) 1985 kommt auf zwei Bundesbürger zwischen 18 und 65 Jahren also etwas mehr als ein PKW. Mithin wird die Inlandsnachfrage nach PKW nur noch dem Ersatzbedarf entsprechen. Der unumgängliche Trend zum Langzeitmodell oder Langzeitauto wird diesen auf etwa 1 Million PKW pro Jahr einpendeln. Die Fertigungskapazität der deutschen PKW-Industrie beträgt aber rund 4 Millionen PKW. Das würde bedeuten, daß rund 75% der PKW-Produktion exportiert werden müßte.

Da es utopisch ist, diesen riesigen Exportmarkt für deutsche PKW im industrialisierten Ausland zu finden, weil dieses seinerseits ja auch Absatzmärkte für die hauseigene PKW-Industrie sucht, könnten nur die technisch unterentwickelten Länder zu PKW-Abnehmern werden.

Die letzten zehn Jahre zeigen aber deutlich, daß gerade diese Länder nach Überwinden der ersten Industrialisierungsphase sich rasch um eine eigene Fahrzeugproduktion bemühen. Sie schaffen damit Arbeitsplätze, vermehren das Pro-Kopf-Einkommen und befriedigen die Nachfrage durch technische Produkte des eigenen Landes.

Hierbei rächt sich zwar sekundär, aber immer fühlbarer die während langer Jahre von unserer PKW-Industrie versäumte Produktinnovation. Das Belassen des Produkts PKW auf dem Niveau des Maschinenbaus des Zeppelinzeitalters gestattet es nämlich um so eher, daß es in Ländern gefertigt und sogar verbessert werden kann, die noch vor wenigen Jahren hauptsächlich landwirtschaftlich orientiert waren. Vor 25 Jahren war der japanische PKW-Bau noch völlig unbekannt, heute steht Japan mit 6,3 Millionen PKW-Einheiten pro Jahr an zweiter Stelle der führenden PKW-Hersteller-Länder. Ägypten, Indien, Jugoslawien, Türkei, Israel, Australien, Mexiko, Nigeria usw. produzieren erst seit wenigen Jahren PKW im eigenen Land. Selbst die UdSSR, vor wenigen Jahren noch in der Rolle des Mauerblümchens in der Reihe der PKW-Hersteller, macht mit dem Lada in den kapitalistischen Ländern mehr und mehr Furore.

Alle diese Marktbeeinflussungen sind zahlenmäßig und zeitlich naturgemäß unsicher zu erfassen. Es gilt jedoch als fast sicher, daß die deutsche PKW-Industrie innerhalb der nächsten 15 Jahre eine Marktreduzierung bis zu 50% hinnehmen muß. Aufgrund ihrer Verflechtung in unsere wirtschaftliche Struktur bedeutet das eine tödliche Bedrohung unserer Existenz.

Die Situation müßte annehmen lassen, innerhalb der deutschen PKW-Industrie wäre man jetzt schon fieberhaft um die Schaffung neuer Produkte bemüht. Diese Annahme ist falsch: Die PKW-Industrie rührt sich nicht. Man könnte meinen, die jahrzehntelangen Spielereien an einem seit seiner Entstehung funktionell unveränderten Produkt hat die deutschen PKW-Hersteller unfähig gemacht, dem Dunstkreis des wissenschaftlich reichlich unbedarften PKW zu entkommen und sich neuen Ideen zuzuwenden. Das, obwohl es sich eigentlich glücklich fügt, daß gerade jetzt ein neues Produkt greifbar wäre, das von Funktion und Fertigung her dem PKW gleicht.

Gemeint ist die Kabinenbahn, oder auch Kabinentaxi, häufig CAT abgekürzt. Eigenschaften dieses Verkehrssystems sowie dessen Möglichkeiten überzeugen von seiner Notwendigkeit.

Im Prinzip ist die Kabinenbahn ein Individualverkehrssystem, das in seiner jederzeitigen freien Zielwahl dem PKW-Straße-Verkehrssystem gleicht. Die zwei- bis sechssitzigen Kabinen bewegen sich auf einer auf Stützen liegenden Schiene, meist 4 bis 5 Meter hoch über der Erdoberfläche. Das System läßt sich beliebig kleinmaschig verlegen und könnte im Laufe seiner Ausbauzeit die Dichte eines Straßennetzes erreichen. In beliebig kurzen oder längeren Abständen ist das System über Stationen zugänglich. Die Stationen weisen in jeder Fahrtrichtung ein Abstellgleis auf, auf dem im Normalfall mindestens eine Leerkabine auf den Benutzer wartet. Vor Antritt der Fahrt wird das Ziel über eine Wählscheibe am Fahrkartenautomaten der Station eingegeben. Die Kabine startet, wenn die vorgestanzte Fahrkarte in einen Schlitz im Kontrollbord gesteckt wird.

Bei einer anderen möglichen Version wird das Ziel in der Kabine selbst angewählt. Eine Codekarte des Kabinenbahnbenutzers startet die Kabine und veranlaßt gleichzeitig das automatische Abbuchen der Fahrkosten vom Konto des Benutzers.

Ein System zentraler Rechner dirigiert die Kabine automatisch über das Schienennetz zur gewählten Endstation. Ähnlich den Verfahren bei der automatischen Fernsprechvermittlung wird dabei der zeitkürzeste Weg herausgesucht.

Die Rechnereinheiten sorgen auch dafür, daß mindestens eine leere Kabine auf jeder Station greifbar ist. Dazu werden Leerkabinen aus dem nächstliegenden Depot abgerufen oder aus dem rollenden Verkehr abgezweigt.

Da die Kabinen auf sehr verschleißfesten Rädern rollen und

durch einen Linearmotor angetrieben werden, der keinerlei bewegte Teile aufweist, die die Abnutzung gering. In regelmäßigem Turnus passieren die Kabinen Kontrollstationen, auf denen sie durch Diagnosecomputer auf Funktion und Verschleiß kontrolliert werden. Defekte werden durch Reparaturroboter behoben. Das ist möglich, da die wenigen Verschleißteile auf eine automatisierbare Reparatur hin angelegt werden können.

Das Schienensystem ist gegen Witterungseinflüsse abgedeckt. Die Antriebsleistung ist mit etwa 4 KW gering, aber voll ausreichend, um den Kabinen eine Geschwindigkeit bis zu 50 km/h zu geben. Die elektrische Antriebsenergie wird in konventionellen oder Atomkraftwerken erzeugt.

Gegenüber dem PKW bietet die Kabinenbahn im wesentlichen folgende Vorteile: Sie ist nahezu bedienungsfrei und läßt sich auf Knopfdruck in ähnlich einfacher Weise handhaben wie ein Personenaufzug. Ihre Benutzung erfordert keine ständige Auseinandersetzung mit einer Maschine und erübrigt das beim PKW erforderliche Trampeln auf irgendwelchen Pedalen und Ziehen, Drücken und Drehen von Manualen. Somit steht die Kabinenbahn der ungefährlichen Benutzung durch ein vierjähriges Kind oder einem Achtzigjährigen offen.

Während beim PKW-Verkehr etwa 90% aller Unfälle auf Versagen des Fahrers zurückzuführen sind, ergibt sich durch das Ausschalten menschlicher Einflußnahme auf den Verkehrsablauf beim Kabinenbahnsystem eine nahezu 100%ige Transportsicherheit. Die Witterungsunabhängigkeit des Kabinenbahnsystems, garantiert größte Zuverlässigkeit im Vergleich zum PKW-Straße-Verkehrssystem, bei dem schon eine Schneeschicht von 3 cm Dicke ein Chaos zu entfesseln vermag.

Da der Kabinenbahnverkehr kreuzungsfrei und aufgrund des automatischen Steuerungssystems auch staufrei verläuft, entfallen sinnlose Halts, und es genügt schon eine geringe Höchstgeschwindigkeit, um vergleichbare Transportzeiten zu erreichen.

Während das Lenken eines PKW selbst einen hochintelligenten Menschen zu einem nur motorisch reagierenden Primitivling herabzwingt, gestattet das Fahren in der automatischen Kabinenbahn anderweitige Beschäftigung und vermag Denkleistung freizusetzen.

Schienensystem und Kabine sind weitgehend verschleißfrei, der Individualverkehr per PKW erfordert dagegen ständige Erneuerung, Wartung und Reparatur seiner beiden Komponenten Fahrzeug und Straße. Das Kabinenbahnsystem ist somit über ein Mehrfaches der Nutzungszeit von PKW und Straße abschreibfähig, wodurch die Benutzungskosten sich erheblich verringern. Geringere Rollreibung und kleinere Höchstgeschwindigkeit verringern bei gleicher Transportleistung den Energieverbrauch. Da absehbar ist, daß wir in Zukunft mehr elektrische Energie durch Atom- oder andere Kraftwerke zur Verfügung haben als fossile Primärenergie in Form von Erdöl, ist die Energieversorgung des Kabinenbahnsystems im Gegensatz zum PKW-Verkehrssystem auch auf absehbare Zukunft gesichert. Während beim PKW die Motorwärme – je nach Betriebszustand können das bis zu 90% der getankten Energie sein – weggekühlt und sinnlos in der Umgebung verteilt wird, kann die zentrale Kraftwerksabwärme bei der Kabinenbahn in Wärmeverbundsystemen für Heizungs- oder industrielle Zwecke genutzt werden. Das alles bedeutet, daß der Energieaufwand bei der Kabinenbahn etwa nur ein Zehntel dessen beträgt, den derselbe Beförderungsvorgang mittels PKW erfordert.

Während Zeiten geringeren Personenverkehrsaufkommens, z. B. nachts, kann das System für den automatischen Gütertransport mit Containern benutzt werden. Diese zeitliche Trennung zwischen Personen- und Gütertransport ist beim Straßenverkehr aus naheliegenden Gründen nicht möglich und mit ein Grund für die ungleichmäßige Auslastung des Straßennetzes mit all seinen bekannten unangenehmen Begleiterscheinungen.

Während Fahrbahnen für PKWs aufgrund deren Schadstoff- und Lärmemission mit nicht nutzbaren Totstreifen gesäumt sind, kann die abgasfreie und fast geräuschlose Kabinenbahn ohne großen Platzbedarf in Wohnbebauung und Landschaft eingegliedert werden.

Je nach Dichte des Schienennetzes liegen die Fahrkosten einer Kabine zwischen 20 und 50 Pfennigen pro Fahrkilometer und damit liegt jetzt schon die Kabinenbahn unter den PKW-Kosten, die unbestritten in den nächsten Jahren weiter steil nach oben klettern müssen. Lange Lebenszeit, geringe Anfälligkeit und automatische Ausführbarkeit der Reparatur der Kabine mindern hier den weiteren Kostenauftrieb.

Im Gegensatz zum PKW-Straße-Verkehrssystem ist das Kabinenbahnnetz eine volkswirtschaftliche Investition auf lange Sicht. Ähnlich der konventionellen Eisenbahn zu Beginn ihrer Ära hat sie das technologische Niveau, zu einem Jahrhundertwerk zu werden.

Die zu ihrem Bau erforderlichen Werkstoffe unterliegen

praktisch keinem Schwund durch Korrosion und Verschleiß, so daß sie kommenden Generationen als ein Art von Rohstoffbank dienen können.

Korrosion und Verschleiß beim PKW und die Abnutzung der Straßenoberflächen führen hier dagegen zu einem unwiderruflichen Rohstoffverbrauch. Selbst wenn die PKW-Industrie sich im Laufe der Zeit zum Konzept des Langzeitautos durchringen könnte, bei dem die Reste, also korrodierte Karosserie und verschlissene Antriebsteile wieder in den Werkstoffkreislauf gezielt eingegliedert würden, dann bliebe hier immer noch das Problem des dazu erforderlichen Energieaufwandes. Immerhin verlangt die Herstellung eines PKW etwa 10000 Kilowattstunden Energie, die Wiederverwendbarmachung seiner verbrauchten Teile rund 2000 Kilowattstunden Energie. Das sind Energiemengen und damit Energiekosten pro PKW-Einheit, deren Bereitstellung in Zukunft u. U. untragbar sein können.

Das seinem Konzept nach nahezu völlig wartungs- und verschleißfreie, darüber hinaus automatisch auf Funktion und Verschleißschäden kontrollierbare und reparierbare Kabinenbahnsystem erfordert nur einen geringen Einsatz menschlicher Arbeitskraft. Das erfahrungsgemäß ständig erneuerungsbedürftige PKW-Straße-Verkehrssystem macht dagegen den laufenden Aufwand von Arbeitsstunden der Ingenieure und Arbeiter in Entwicklung, Fertigung, Wartung und Reparatur nötig. Diese sind mit Produktion, Wiederherstellung und Erhaltung eines technologisch überholten Produkts beschäftigt, ihr Einsatz kann deshalb den allgemeinen technologischen Standard nicht vorantreiben.

Somit wirkt die PKW-Industrie als Schwamm, der Ingenieurs- und Arbeiterkapazität aufsaugt und dem wissenschaftlichen Fortschritt weitgehend entzieht, während der Trend zur Kabinenbahn zunehmend Arbeitsfähigkeit freisetzen kann, um sie wichtigeren Aufgaben zuzuführen. Es gibt schließlich noch eine Vielzahl technischer Probleme, die auf eine Lösung warten. Um hier nur einige zu nennen: Nutzbarmachung solarer und geothermer Energie, Energierückgewinnungsanlagen, Wasseraufbereitung, automatisierte landwirtschaftliche Produktionsmethoden usw. Ein wesentlicher Vorteil der Kabinenbahn besteht darin, daß eine weitaus geringere Anzahl von Kabinen dieselbe Transportleistung des PKW-Straße-Verkehrssystems ermöglicht. Die geringe durchschnittliche Nutzungszeit eines PKW bewirkt, daß er mehr als 23 Stunden des Tages wenig dekorativ lediglich als eine Art Schrott auf Zeit herumsteht. Ein sehr großer Anteil der Verkehrsflächen dient somit lediglich als Abstellplatz.

Die rechnergesteuerte Kabinenbahn vermag Leerkabinen schnellstens wieder einer Nutzung zuzuführen, so daß ihre tägliche Nutzungsdauer auf etwa 15 Stunden geschätzt werden kann.

Im Gegensatz zu den Kabinen ist der PKW standortorientiert. Nach Benützung muß er seinem »Heimatstandplatz« wieder zugeführt werden. Der Transport einer Person oder eines Gutes von A nach B macht dementsprechend unbedingt die Rückführung des PKW von B nach A erforderlich.

Während die Kabinen ihren wohlgeplanten »Parkplatz« in Depots oder auf den Bereitstellungsgleisen der einzelnen Stationen haben und diesen auf kürzestem Wege zugeführt werden, bewirkt die ungeregelte Parkplatzsituation beim PKW, daß nach Schätzungen etwa die Hälfte des rollenden Verkehrs in Großstädten nur der Suche nach einem Abstellplatz dient. Ein Großteil des PKW-Verkehrs täuscht somit Aktivität und erst recht Effektivität nur vor. Dessen beklagenswerte Umweltbelastung findet also nur zu einem Bruchteil ein Äquivalent in volkswirtschaftlich nützlichen Transportvorgängen und ist zum anderen Teil »systembedingt für die Katz«.

Kabinenbahnen geben bislang damit noch unversorgten Bevölkerungsteilen die Möglichkeit, die unbestrittenen Vorteile des Individualverkehrs zu nutzen. Es gibt nämlich noch eine große, dem PKW-Verkehr unerschlossen gebliebene Benutzerressource. Das sind Personen, die zu jung oder zu alt zum Autofahren sind. Oder auch solche, die irgendwelcher Behinderung wegen die aufgrund ihrer technischen Primitivität nur sehr mühsam zu handhabende Transportmaschine PKW nicht bedienen können. Darüber hinaus gibt es Personen, die trotz »Eignung« zum PKW-Lenken an seiner Benutzung kein Interesse haben, weil sie vor seiner Unzuverlässigkeit, Unsicherheit, Unwirtschaftlichkeit und aufwendigen Bedienung zurückschrecken.

Immerhin besitzen nämlich nur 55 % aller Erwachsenen einen Führerschein.

Aber auch unter den PKW-Fahrern selbst gibt es eine unter Umständen gar nicht so geringe Minderheit, die den PKW nur benutzt, weil eine Alternative fehlt. Und die sofort auf die Kabinenbahn umsteigen würde, wenn es sie nur gäbe.

Alle Nicht-PKW-Fahrer sind zum Dasein als geduldeter Mitfahrer oder teuer bezahlender Taxi-Benutzer verurteilt, wenn sie sich nicht dem Schrecken der üblichen öffentlichen Massenverkehrsmittel aussetzen wollen. Sie leiden sozusagen zweifach unter der monopolartigen Stellung, die sich die PKW-Industrie als Produzent von Individualverkehrsmitteln angemaßt hat.

So sind sie auf der einen Seite dadurch benachteiligt, daß die Flut des PKW-Verkehrs den öffentlichen Verkehr per Bus oder Bahn nicht nur in seiner möglichen Entwicklung gehemmt, sondern teilweise sogar im Umfang reduziert hat. Zum anderen hat die ganze Hingabe der PKW-Industrie an ihr Produkt das rasche Entstehen anderer und modernerer Individualverkehrsmittel bislang verhindert.

Es ist deshalb paradoxe Praxis, daß ein führerscheinbesitzender Krimineller jederzeit und zielrein individualverkehrend mit dem Ertrag seines Bankraubs per gestohlenem PKW ohne Umstände von der beraubten Bankfiliale in die Nähe seines Unterschlupfs entfliehen kann, während der führerscheinlose Nobelpreisträger nur unter Inkaufnahme aller Nachteile des öffentlichen Massenverkehrs – Fahrmöglichkeit nur zu bestimmten Zeiten, Haltestellen in weitem Abstand, lange Fahrzeit wegen häufiger Halts, unbequeme Sitze, zeitweilige Überfüllung, umständliches Umsteigen, teure Fahrpreise wegen hohen Personal- und Geräteaufwandes – von seinem Wohnsitz in A-Dorf zu einem Facharzt in B-Stadt gelangen kann.

Wenn individuelle Mobilität weiter Bevölkerungskreise schon so wichtig ist, daß auch völlig Unbeteiligte gezwungen werden, die Nachteile des PKW-Verkehrs, wie Lärm und Abgasemission, 15 000 Unfalltote und 500 000 Unfallverletzte pro Jahr in der BRD, horrender Verbrauch teurer Rohstoffe und Energie, in Kauf zu nehmen, dann müßte, so sollte man meinen, der nicht PKW-fahrenden Bevölkerung ebenfalls ein ihr zusagendes Individualverkehrssystem zugestanden werden. Unter Berücksichtigung des gegenwärtigen Standes der Technologie kann das nur die Kabinenbahn sein.

Nun ist die PKW-Industrie allem Anschein nach jedoch unfähig, ihren zukünftigen Markt in der Kabinenbahn zu sehen. Einer ihrer Manager, Prof. Fiala von VW-Vorstand, hat sogar anläßlich einer Fernseh-Sendung »Im Brennpunkt« die Kabinenbahnen als »irreales Verkehrsmittel« bezeichnet. Der Aufwand der Firmen DEMAG und MBB zur Entwicklung von Kabinenbahnen spricht jedoch sehr gegen die Ansicht des VW-Professors.

Bei Wetter an der Ruhr ist schon seit mehreren Jahren eine große Kabinenbahnversuchsanlage mit Stationen, Abstellgleisen, Weichen und dergleichen in Betrieb. Hier wird, im Gegensatz zur PKW-Industrie, tatsächlich innovierende Entwicklungsarbeit geleistet. Dauerversuche haben die Zuverlässigkeit und Sicherheit des Systems bewiesen. Die Kabinenbahn ist also keine Science-fiction-Szene, sondern fast von heute auf morgen einsetzbar.

Neben ihrer unbestreitbaren verkehrstechnischen Notwendigkeit gibt es noch einen anderen, immer zwingender werdenden Grund zu ihrer Verwirklichung. Sinkende Exportchancen und nachlassende Inlandsnachfrage aufgrund zunehmender Marktsättigung in vielen technischen Bereichen, verbunden mit der aus Kostengründen wachsenden Fertigungsautomatisierung stellen zunehmend Arbeitskräfte ganz oder zeitweilig frei.

Arbeitslose und Kurzarbeiter sind jedoch nur mäßige Konsumenten, beleben kaum die Nachfrage und kosten der Allgemeinheit darüber hinaus noch Geld. Die Volkswirtschaft der BRD verlangt deshalb nach Produkten, die auf lange Zeit Vollbeschäftigung und Konjunktur in möglichst vielen Bereichen sichert. Da die PKW-Industrie aufgrund ihrer feststellbaren Unfähigkeit zur Innovation keinen Beitrag leistet, könnte eines dieser Produkte die Kabinenbahn sein. Ihre im Großstadtbereich beginnende und dann immer weiter dessen Umland erfassende Verwirklichung würde auf Jahrzehnte hinaus die metallverarbeitende Industrie, die Elektronikindustrie, aber auch Hoch- und Tiefbau mit Aufträgen versorgen.

Wenn nun schon die PKW-Industrie im Gegensatz zu den Firmen DEMAG und MBB nicht in der Lage war, rund 40 Jahre alte patentierte Überlegungen zur Kabinenbahn vom Papier weg zu realisieren, warum zeigt sie dann nicht wenigstens Interesse an der Übernahme von Lizenzen dieser Idee, die nach Funktion und System die konsequente Fortführung der PKW-Idee mit modernen Mitteln ist?

Sofern bei den PKW-Herstellern überhaupt entsprechende Überlegungen in dieser Richtung gemacht wurden, kann die Negierung der Kabinenbahn nur folgenden Grund haben: Jedes alternative Angebot eines Individualverkehrssystems schadet der Monopolstellung des PKW-Straße-Verkehrssystems. Es verringert den Verkaufserfolg des verschleißfreudigen und kurzlebigen Produkts PKW und damit empfindlich dessen Umsatz.

Darüber hinaus könnte das Produkt Kabinenbahn nicht dem Benutzer direkt verkauft werden, sondern müßte qualifizierten Abnehmern, nämlich den fachlich orientierten Ingenieuren und Kaufleuten des »Kabinenbahnunternehmens« angeboten werden. Ein in Funktion, Wartung, Lebensdauer und Bedienbarkeit nicht dem jeweiligen technischen Stand entsprechender »Blechplunder« wäre damit unverkäuflich. Verkaufsbedingungen und -verhandlungen würden schwieriger und weitaus unangenehmer für den Anbieter, als wenn er, wie bisher, dem technisch und kaufmännisch unbewanderten Endverbraucher gegenübersitzend, diesen mit dem Hinweis auf ein paar belanglose Modelländerungen und einem Pfund farbiger Hochglanzprospekte überzeugen kann.

Es wäre jedoch ungerecht, übersehen zu wollen, daß die PKW-Hersteller ihrem PKW-Straße-Verkehrssystem einige der Vorteile der Kabinenbahn mitzugeben bemüht sind.

Wie schon weiter vorn erwähnt, ist es dem elektronischen Steuerungssystem der Kabinenbahnanlage möglich, jede Kabine auf dem momentan zeitkürzesten Weg zum Ziel zu schicken. Diesen Vorteil versucht die PKW-Industrie ihrem Produkt ebenfalls zu verpassen. So wurde deshalb im Frühjahr 1975 ALI vorgestellt. ALI heißt Autofahrer-Lenkungs- und Informationssystem. Vor Antritt der Fahrt gibt der PKW-Fahrer sein Ziel in Codeform seinem Bordgerät ein. Köln-Porz hat z. B. die Codebezeichnung FFLB. Während der Fahrt geben dann Lichtzeichen im Armaturenbrett dem Fahrer den Hinweis darauf, ob er eines Staus oder Unfalls wegen besser nach rechts oder links abbiegen soll. Das System ALI erfordert Meßgeräte in der Straßenoberfläche zur Erfassung des Verkehrsstromes, über das Land verteilte Zentralrechnereinheiten, die die Informationen über das Verkehrsaufkommen verarbeiten und die Ergebnisse an den einzelnen PKW melden, und nicht zuletzt ein Bordgerät.

Mit gewaltigem Aufwand versucht also hier die PKW-Industrie ihrem Produkt eine positive Eigenschaft anzustricken, die das Kabinenbahnsystem von Haus aus mitbringt. Wobei sie natürlich in geschickter Weise die Hauptkosten der notwendigen Investitionen, nämlich die nachträglichen Einbauten von induktiven Sensoren in die Straßen und sicher auch die Errichtung von Zentralrechnern der Öffentlichkeit anlasten wird. So wie sie schließlich bisher auch nicht für die Erstellung der Komponente Straße ihres PKW-Straße-Verkehrssystems samt Beschilderung und Verampelung verantwortlich wurde, sondern seine immensen Kosten zur allgemeinen Steuerlast, damit auch zu der von völlig unbeteiligten Steuerzahlern machte.

Trotz aller möglichen Kosten kann ALI natürlich niemals dem PKW die entsprechenden Vorteile der Kabine in gleicher Höhe geben. Schließlich befreit ALI den PKW-Fahrer nicht von der Hauptarbeit des durch einen angelernten Affen ausführbaren ständigen Bedienens des PKW.

Die automatische Steuerung der Kabinenbahn beinhaltet von Haus aus auch den Effekt der Abstandswahrung der einzelnen Kabinen. Diese können nicht aufeinanderprallen.

Auch diese Eigenschaft versucht die Autoindustrie ihren Erzeugnissen mitzugeben. Im Frühjahr 1976 wurde vom Bundesministerium für Forschung und Technologie festgestellt, daß die entwickelten KFZ-Abstandswarngeräte »prinzipiell« gehen. Optische oder akustische Signale teilen dem Autofahrer mit, ob der jeweilige Sicherheitsabstand zum Vordermann unterschritten wurde.

Im Gegensatz zur völlig wetterunabhängigen Kabinenbahn ist der PKW-Verkehr durch Eisniederschlag auf der Fahrbahnoberfläche erfahrungsgemäß heftig gefährdet. Deshalb befinden sich mehrere Systeme von Eiswarngeräten für den Einbau in PKW in Entwicklung bzw. Erprobung.

Aufgrund des Schienensystems fällt der Lenkvorgang bei der Kabinenbahn fort. Es hat Jahrzehnte gebraucht, bis die KFZ-Industrie erkannt hat, daß ein technologisch einigermaßen intelligentes Transportmittel seinen Benutzer von der Mühe ununterbrochener und stumpfsinniger Lenkarbeit freimachen muß. So befinden sich seit einigen Jahren Lenksysteme in Erprobung, die das KFZ-Lenken selbständig ausführen und zwar mit Hilfe eines in die Straßenoberfläche eingelassenen induktiven Kabels. Natürlich wird auch hiermit nicht die Fahrsicherheit der Kabine erreicht, da die Witterungsabhängigkeit des Lenkvorgangs beim PKW durch seine Automatisierung nicht ausgeschaltet werden kann. Eisglätte und Aquaplaning im voraus zu erkennen und entsprechend zu reagieren vermag ein automatisches Lenksystem bisher nicht.

Die Primitivmaschine PKW erfordert das Überwachen einer ganzen Reihe von Instrumenten durch den Fahrer. Das bedeutet zusätzlichen Streß und damit verringerte Fahrsicherheit. Es gibt nun schon Versuchsmuster von Geräten, die dem PKW-Fahrer die Kontrollarbeit erleichtern sollen, indem anstelle optischer Anzeigen solche in Form von verbalen Warnungen erfolgen sollen. Beim Überschreiten der kritischen Kühlwassertemperatur soll dann eine quäkende Bandstimme warnen: Kühlwasser ist zu heiß, Kühlwasser ist zu heiß ...

Das technisch elegantere Kabinenbahnsystem erfordert keinerlei Instrumente und damit selbstredend auch keine akustische Kontrollaussage. Bei der Kabine verläuft der Bremsvorgang völlig unkompliziert, da die Bremskräfte im wesentlichen über das Magnetfeld des verwendeten Linearmotors und nur zum kleinen Teil über die Laufrollen der Kabine aufgenommen werden. Beim PKW werden die Bremskräfte jedoch allein von den kleinen Kontaktflächen zwischen Reifen und Fahrbahn übertragen, die dazu noch durch Radführungskräfte, also die Kräfte, die das Fahrzeug auf der Straße halten, beansprucht werden.

Unterschiedliche Radbelastung und Straßenoberfläche ergeben unterschiedliche Bremswirkungen an den Rädern und sind oft Grund für gefährliche Schleuderbewegungen des PKW. Zusatzgeräte, nämlich Bremskraftverteiler, sollen den Bremseffekt an den Rädern gleichmäßiger verteilen und der Unfallgefahr durch Schleudern und Ausbrechen begegnen.

Ein angebotenes Warngerät für PKW soll akustisch mit einem Piepston das Überschreiten bestimmter Geschwindigkeiten anzeigen. Drei beliebige Geschwindigkeitsgrenzen, z. B. 50, 100 und 130 km/h, lassen sich dabei in das Gerät einprogrammieren. Die Kabinenbahn macht einen derartigen Elektronikkram unnötig, da ihre Fahrgeschwindigkeit nicht durch den Benutzer manipulierbar ist, damit auch nicht angewarnt werden muß.

Nicht zuletzt sind auch Knautschzonen, Sicherheitsgurte und Airbags nichts anderes als im Grunde lächerliche Hilfsmittel, die dem Insassen eines PKW zwar nicht die Sicherheit des Kabinenbenutzers geben können, ihn aber doch wenigstens vor den ärgsten Folgen der systembedingten Straßenverkehrsunfälle bewahren sollen.

Diese kleine Auswahl macht deutlich, mit welchem Wust an Zusatzgeräten und-einrichtungen nach dem Wunsch der PKW-Industrie die sowieso schon viel zu umfangreiche Ausstattung eines PKW ergänzt werden soll, um ihm damit mühsam einen Teil der Eigenschaften der Kabinenbahn anzukleben. Wobei natürlich die erforderlichen Anschaffungs- und Unterhaltungskosten stets voll zu Lasten des Autobesitzers gehen und der jeweilige Effekt trotzdem niemals den entsprechenden der Kabinenbahn erreichen kann.

Obwohl die systembedingten Vorteile der Kabinenbahn auf der Hand liegen, kann sich die PKW-Industrie nicht von ihrem sorgfältig gehegten, weil so prachtvoll umsatzträchtigen Produkt auch nur teilweise trennen.

Anstatt den ganzen Schritt zu tun und sich endlich der Kabinenbahn zuzuwenden, versucht sie bewußt oder unbewußt, die kläglichen Eigenschaften des PKW-Straße-Verkehrssystems durch halbe, dem PKW-Fahrer und der Allgemeinheit teuer werdende Maßnahmen notdürftig aufzubessern.

Das Fischer Lexikon

Enzyklopädie des Wissens

Das Fischer Lexikon umfaßt in selbständigen Einzelbänden das Wissen unserer Zeit nach dem letzten Stand der Forschung. Jeder Band besteht aus einer allgemeinen Einleitung in das betreffende Wissensgebiet, den alphabetisch angeordneten enzyklopädischen Artikeln mit den entsprechenden Stichwörtern (die in einem Register am Ende des Bandes lexikalisch auffindbar sind) und einer ausführlichen Bibliographie. In fast allen Bänden zahlreiche Abbildungen.

1 Geschichte der Religionen
2 Staat und Politik
4 Astronomie
6 Psychologie
7 Internationale Beziehungen
8 Wirtschaft
9 Publizistik
10 Soziologie
11 Philosophie
12 Recht
13 Völkerkunde
14 Geographie
15 Anthropologie
19 Physik
20 Geophysik
25 Sprachen
26/1 Chemie I Allgemeine Chemie
26/2 Chemie II Angewandte Chemie
27 Biologie I: Botanik
28 Biologie II: Zoologie
29/1 Mathematik I
29/2 Mathematik II
34 Literatur I
35/1, 2 Literatur II/III
36 Pädagogik